中国电子教育学会高教分会推荐

普通高等教育电子信息类“十三五”课改规划教材

微型计算机原理

主　编　魏　彬　姚武军

副主编　刘龙飞　钟卫东　杨海滨

王浩明　吴立强

西安电子科技大学出版社

内 容 简 介

本书以实用为宗旨，在讲述微型计算机基本原理的同时兼顾其应用，通过实例详细讲解软、硬件开发技术。由于 x86 系列微处理器具有向下兼容性，而 8086/8088 是初学者的最佳基础平台，故本书以 8086/8088 平台为基础介绍微型计算机原理。

本书共八章，主要介绍了微型计算机基础知识、微处理器结构及总线操作时序、指令系统及汇编语言、半导体存储器、输入/输出接口技术、中断、可编程定时/计数器 8253 以及可编程并行接口 8255A 等内容。附录中给出了 CPU 的发展历程、习题及答案用于拓展知识及进行课外练习。

本书可作为各类本、专科院校微机原理、计算机硬件技术基础等课程的教材，也可供各类电子信息、自动化技术人员参考。

图书在版编目(CIP)数据

微型计算机原理/魏彬，姚武军主编. —西安：西安电子科技大学出版社，2017.6

ISBN 978-7-5606-4504-9

Ⅰ. ① 微… Ⅱ. ① 魏… ② 姚… Ⅲ. ① 微型计算机 Ⅳ. ① TP36

中国版本图书馆 CIP 数据核字(2017)第 074213 号

策　　划　刘玉芳　毛红兵

责任编辑　韩伟娜　雷鸿俊

出版发行　西安电子科技大学出版社(西安市太白南路 2 号)

电　　话　(029)88242885　88201467　　邮　　编　710071

网　　址　www.xduph.com　　电子邮箱　xdupfxb001@163.com

经　　销　新华书店

印刷单位　陕西华沐印刷科技有限责任公司

版　　次　2017 年 6 月第 1 版　2017 年 6 月第 1 次印刷

开　　本　787 毫米×1092 毫米　1/16　印　张　12

字　　数　277 千字

印　　数　1～3000 册

定　　价　25.00 元

ISBN 978-7-5606-4504-9/TP

XDUP 4796001-1

中国电子教育学会高教分会
教材建设指导委员会名单

前　言

掌握计算机系统基本工作原理，以及理解计算机硬、软件系统相互作用关系是对高等学校计算机相关专业学生的基本要求。本书正是根据高等学校学生及相关技术工作人员学习微型计算机的需要编写的。

学习微型计算机原理，如何快速入门是初学者遇到的最大问题。由于微机发展日新月异、系列繁多，编者认为可以选择较为基础的微机型号进行学习，明确各种概念以打好入门基础。

由于 x86 系列具有向下兼容性，8086/8088 又是初学者的最佳基础平台，因此本书以 8086/8088 为对象进行分析，并在此基础上对 32 位、64 位 CPU 进行简要介绍。

本书偏重于工程应用，主要强调微机外部特征，以掌握使用方法为目的。全书共分为八章，分别为微型计算机基础知识、微处理器结构及总线操作时序、指令系统及汇编语言、半导体存储器、输入/输出接口技术、中断、可编程定时/计数器 8253 以及可编程并行接口 8255A。附录中给出了 CPU 的发展历程、习题及答案用于拓展知识及进行课外练习。本书旨在从最基本的概念入手，从硬件组成到软件编程逐步深入，因此在编写过程中编者力争做到通俗易懂。附录 B 给出了部分习题及答案，以帮助读者更好地掌握相关知识。

本书在编写过程中，得到了张敏情、杨晓元、潘晓中教授的悉心指导，在此表示衷心的感谢。感谢研究生张博亮、王娜、周杰在本书校稿过程中付出的努力。同时，感谢各届学生对本书内容所提出的宝贵改进意见。

限于编者水平，加之时间仓促，书中可能还存在一些疏漏之处，恳请读者批评指正。

编　者

2017 年 1 月

目　　录

第 1 章　微型计算机基础知识

计算机是一种能按照事先**存储**的程序，**自动**、**高速**进行大量**数值计算**和各种**信息处理**的现代化智能电子装置，是现代社会最有价值的工具之一，它的出现极大地推动了人类社会的发展。计算机的发展水平，已经成为衡量一个国家现代文明的重要标志。在现代社会中，计算机已深入到人们工作、学习与生活的各个方面，计算机的使用也已成为各行各业的技术人员及管理人员必备的基本技能。

1.1　微机的发展概况

1.1.1　计算机发展概况

电子数字计算机简称电子计算机或计算机，世界上第一台通用计算机于 1946 年问世，由美国宾夕法尼亚大学研制，被命名为 ENIAC(Electronic Numerical Integrator and Computer，电子数字积分计算机)。当时正处在第二次世界大战期间，为了解决复杂的弹道计算问题，在美国陆军部的资助下开始了这项研究工作，领导研制的是埃克特(J. P. Eckert)和莫克利(J. W. Mauchly)。ENIAC 于 1945 年底完成，1946 年 2 月正式交付使用，因为它是最早问世的电子数字计算机，所以一般认为它是现代计算机的鼻祖。

ENIAC 共用了 18 000 多个电子管和 1500 个继电器，重达 30 000 kg，占地 170 m^2，功率 140 kW，每分钟能计算 5000 次加法。ENIAC 主要有两个缺点：一是存储容量太小，只能存 20 个字长为 10 位的十进制数；二是用线路连接的方法来编排程序，因此每次解题都要依靠人工改接线路，使用不方便。

在 ENIAC 计算机研制的同时，冯·诺依曼(Von Neumann)与莫尔小组合作研制了 EDVAC 计算机，在这台计算机中确定了计算机的五个基本部件，并采用了存储程序方案，这种结构的计算机被称为冯·诺依曼计算机。

1. 冯·诺依曼计算机的基本特点

(1) 由运算器、控制器、存储器、输入设备和输出设备五大部件构成。

(2) 采用存储程序的方式，将程序和数据放在同一存储器中。

(3) 采用二进制码表示数据和指令。

(4) 指令由操作码和地址码组成。

(5) 以运算器为中心，输入/输出设备与存储器间的数据传送都通过运算器进行。

冯 · 诺依曼思想被看做是计算机发展史上的里程碑，随着技术的发展，计算机系统结构有了很大发展，科学家对冯 · 诺依曼机做了很多改进，但原则变化不大，基本组成仍属冯 · 诺依曼结构。

2. 计算机发展的四个阶段

近几十年来，根据电子计算机所采用的物理器件的发展，一般把计算机的发展分成四代。

第一代——电子管计算机时代(1946—1958 年)，其主要特点是采用电子管作为基本器件，用磁鼓、延时线存储信息，编制程序主要使用机器语言，但符号语言也开始使用。这一代计算机主要用于科学计算，如 1954 年由美国 IBM 公司推出的 IBM 650 小型机是第一代计算机中销售最广的计算机，销售量超过 1000 台。1958 年 11 月问世的 IBM 709 大型机，是 IBM 公司性能最高的最后一个电子管计算机产品。

第二代——晶体管计算机时代(1958—1964 年)，其主要特点是采用晶体管作为基本器件，用磁芯存储信息，缩小了体积，降低了功耗，提高了速度和可靠性。软件方面出现了高级语言，如 ALGOL FORTRAN。这一代计算机除进行科学计算外，在数据处理方面也得到了广泛应用，而且开始用于过程控制，如 1960 年控制数据公司(CDC)研制的高速大型计算机系统 CDC6600。CDC 公司当时在生产用于科学计算的高速大型机方面处于领先地位。

第三代——集成电路计算机时代(1964—1971 年)，这一时期的计算机采用中小规模集成电路作为基本器件，因此功耗、体积、价格进一步下降，速度和可靠性相应提高，仍采用磁芯存储器。软件方面，操作系统得到进一步发展与普及，使计算机的使用更方便。EM360 系统是最早采用集成电路的通用计算机，也是影响最大的第三代计算机，其平均运算速度达百万次/秒，且走向通用化、系列化、标准化。1969 年 1 月大型机 CDC 760 研制成功，平均速度达到千万次浮点运算/秒，成为 20 世纪 60 年代末性能最高的计算机。

第四代——大规模集成电路计算机时代(1972 年至今)，这一时期的计算机采用大规模集成电路和超大规模集成电路作为基本器件。20 世纪 70 年代初，半导体存储器问世，迅速取代了磁芯存储器，并不断向大容量、高速度方向发展。此后存储芯片集成度大体上每三年翻两番，价格平均每年下降 30%；软件方面则出现了与硬件相结合的趋势。

1.1.2　微型计算机

微型计算机简称微型机，是电子计算机技术和大规模集成电路技术发展的结晶，它的出现和发展是和大规模集成电路技术的迅速发展分不开的。微型机是指采用超大规模集成电路，体积小、重量轻、功能强、耗电少的计算机系统。

微型机的发展是以微处理器的发展为表征的，以微处理器为中心的微型机是电子计算机的第四代产品。微处理器自 1971 年诞生以来，发展迅猛，每两到三年就更换一代，根据微处理器的发展可把微型机的发展分为五代。

第一代——1971 年，Intel 公司研制成功世界上第一个微处理器芯片 4004，并推出由它组成的 MCS-4 微型计算机，工作时钟频率不到 1 MHz。1972 年 Intel 公司推出了 8 位微处理器 8008 及 MCS-8 微型计算机，8008 是第一个通用的 8 位微处理器。4004 和 8008 是这个时期的代表产品，称为第一代微处理器。第一代微处理器的特点是采用 PMOS 工艺，运算速度较低，指令系统简单，运算功能差。

第二代——1973 年，Intel 公司研制成功了性能更好的 8 位微处理器 8080，加速了微处理器和微型机的发展。这一时期，具有代表性的 8 位微处理器还有 Zilog 公司生产的 Z80、Motorola 公司生产的 M6800 以及 MCS 公司生产的 6501 和 6502。这些高性能的 8 位微处理器是第二代微处理器的代表产品。第二代微处理器采用 NMOS 工艺，除了集成度有了提高外，性能也有明显改进，运算速度约提高了一个数量级，指令寻址方式增至 10 种以上，基本指令达 100 多条。1976 年，Intel 公司又推出了与 8080 兼容的 8085 微处理器。在当时的世界微处理器市场上，Intel 的 8080 和 8085、Zilog 的 Z80 以及 Motorola 的 M6800 形成了三足鼎立的局面。

第三代——1978 年，Intel 公司推出的新一代 16 位微处理器 Intel 8086 成为 80x86 系列的第一个成员，这标志着微处理器和微型机的发展进入了第三代。该微处理器集成了 29 000 多个晶体管，指令执行速度达 0.75 MPS，工作时钟频率为 4～8 MHz。随后，Zilog 公司生产了 16 位微处理器 Z8000，Motorola 公司生产了 M68000。16 位微处理器比 8 位微处理器有更大的寻址空间、更强的运算能力及更快的处理速度。1982 年，增强型 16 位微处理器 Intel 80286 出现，该芯片集成了 134 万个晶体管，工作时钟频率为 8～10 MHz，指令平均执行速度为 1.5 MPS。同年，Motorola 公司推出了 M68010。第三代微处理器采用 HMOS 高密度集成半导体工艺技术，这类微处理器具有丰富的指令系统，采用多级中断系统，具有多种寻址方式。

第四代——1985 年，Intel 公司推出了第四代微处理器 80386，它是 80x86 系列的第一个 32 位微处理器，集成了 27.5 万个晶体管，工作时钟频率达 16～40 MHz，指令平均执行速度为 5 MPS，同期的 32 位微处理器还有 Motorola 的 M68020 和 NEC 的 V70 等。1989 年，高档的 32 位微处理器 Intel 80486 推出，该芯片集成了 120 万个晶体管，工作时钟频率达 50～100 MHz，指令平均执行速度为 40 MPS，同期 Motorola 推出了 M68030、M68040，NEC 推出了 V80 等。第四代微处理器采用流水线控制，具有面向高级语言的系统结构，具有支持高级调度和调试以及开发系统用的专用指令。

第五代——1993 年，Intel 公司推出了第五代 64 位微处理器 Pentium(奔腾)，即 80586，简称 P5。2001 年，Intel 公司推出了 Pentium 4 处理器，主频达 1.2 GHz 以上。2002 年，Intel 公司 3.06 GHz 的 Pentium 4 处理器在全球发布，它采用新式 0.09 μm 制造工艺的 Prescott 核心。

微型计算机的发展历程，实际上是微处理器从低级到高级、从简单到复杂的发展过程，通过微处理器的体系结构和制造工艺的改进，其集成度不断提高，运算速度迅速提升，功能也越来越复杂，成本越来越低。计算机技术的迅速发展，极大地推动了计算机的普及与应用。

1.2　微机结构及工作原理

1.2.1　计算机基本硬件结构

计算机硬件和软件是常见的计算机术语。计算机硬件是指构成计算机的所有物理部件的集合，这些部件是看得见、摸得着的"硬"设备，故称之为"硬件"。一般地，数字计算机由五大部分构成，其硬件结构框图如图1.1所示。

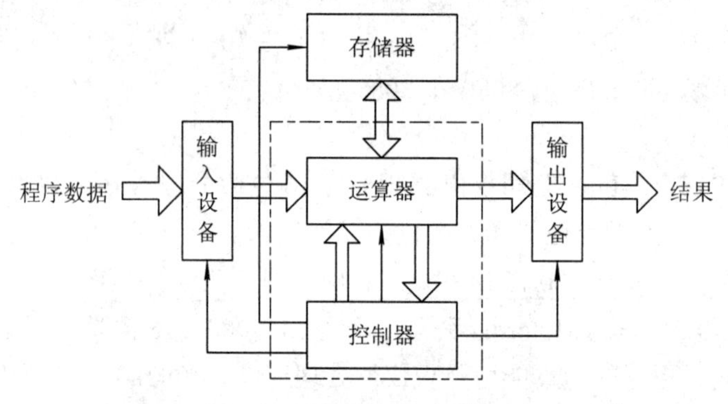

图1.1　计算机硬件结构框图

1．控制器

控制器是计算机的控制中枢，用来发布各种操作命令和控制信息，控制各部件协调工作。控制器用来实现计算机本身运行过程的自动化，由时序电路和逻辑电路组成。

2．运算器

运算器是对信息或数据进行处理和运算的部件，经常进行的运算是算术运算和逻辑运算。它由算术逻辑运算单元(ALU)、寄存器、移位器和一些控制电路组成。

3．存储器

存储器用来存储程序和数据，是计算机各种信息存储和交换的场所。存储器可以与运算器、控制器、输入/输出设备交换信息，起存储、缓冲、传递信息的作用。程序和原始数据以二进制形式存放在存储器中。存储器有很多存储单元，每个存储单元存放一个数据。存取信息时，首先应知道要对哪一个存储单元进行操作，以区分出不同的存储单元，就需要为每个存储单元进行编号，这个编号就称为存储单元的地址。

4．输入设备

输入设备用于输入原始数据和程序等信息。常用的输入设备有键盘、鼠标、光电输入机等。输入的信息都是以二进制码的形式存储的，主要有语音和图像输入设备。

5．输出设备

输出设备用于输出计算结果和各种有用信息。常用的输出设备有显示器、打印机、绘图仪等。输入设备和输出设备常合称为输入/输出设备，简称 I/O(Input/Output)设备。

1.2.2　计算机软件系统

软件是相对于硬件而言的，计算机软件指各类程序和文档资料的总和。只有硬件系统的计算机又称为裸机，计算机只有硬件是不能工作的，必须配置软件才能够使用。软件的完善和丰富程度，在很大程度上决定了计算机硬件系统能否充分发挥其应有的作用。软件系统包括系统软件和应用软件两大类，如图 1.2 所示。

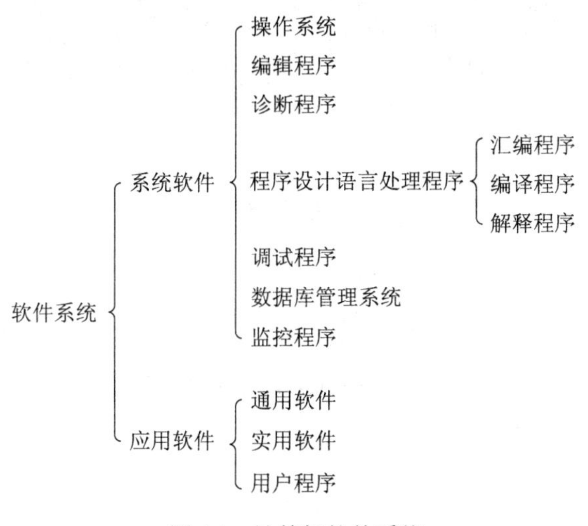

图 1.2　计算机软件系统

1．系统软件

系统软件的作用是管理、调度、监控、维护计算机，包括操作系统、各种程序设计语言处理程序、监控程序、调试程序、诊断程序等。

操作系统是系统软件的核心，是计算机必须配置的软件。操作系统的任务是：管理计算机的硬件和软件资源；组织、协调计算机的运行，增强系统的处理能力；提供人机接口，为用户提供方便。操作系统可分为单用户操作系统、分时操作系统、实时操作系统、网络操作系统、分布式操作系统等。

程序设计语言处理程序包括汇编、解释、编译程序，其功能是将用各种高级语言编写的程序翻译成机器能识别的二进制代码，这样计算机才能执行。

监控、调试、诊断程序是计算机的支持软件，用于维护计算机系统。

数据库管理系统在一些资料中被归于应用软件，它也是一个通用软件，但有系统软件和应用软件的特点。计算机在信息处理、情报检索以及各种管理系统中都要大量处理某些数据，为使得检索更迅速，处理更方便，将这些数据按一定的规律组织起来，就形成了数据库。为了便于用户根据需要建立自己的数据库，查询、显示、修改数据库内容，就要建立数据库管理系统，任何应用程序要使用数据时，都必须通过数据库管理系统，这样可保证数据的安全性。

2. 应用软件

应用软件是为解决一些具体问题而编制的程序，一般可分为两类。一类是由软件公司和计算机公司开发的通用软件、实用软件，如文字处理软件、各种程序设计语言等；另一类是用户为解决各种实际问题而开发的用户程序，如工资管理程序、档案管理程序等。应用软件也可逐步标准化、模块化，形成解决各种典型问题的应用程序组合——软件包。

1.2.3　微型计算机系统组成

微型计算机系统与其他电子计算机系统一样由硬件系统和软件系统两大部分组成。硬件是机器部分，即所有硬设备的集合，软件是控制系统完成操作任务的程序系统，如图 1.3 所示为微型计算机的系统组成。

图 1.3　微型计算机的系统组成

1. 微处理器

微处理器本身不是计算机，它是将运算部件、控制部件、寄存器组和内部总线集成在一块硅片上而形成的一个独立器件，微处理器一般也称为 CPU。微处理器的运算部件是专门用来处理各种数据信息的，可进行加、减、乘、除等算术运算和与、或、非等逻辑运算。寄存器组用来保存参加运算的数据和中间结果等信息。控制部件对所执行的指令进行分析，发出各种时序控制信号，控制各部件完成相应的操作。内部总线是微处理器内部各部件之间进行信息传送的一组信息线。

2. 微型计算机

以微处理器为中心，加上存储器、外设接口电路和系统总线构成的机器称为微型计算机。微型计算机的存储器包括随机存储器和只读存储器，用于存放程序和数据。输入/输出接口(I/O 接口)是外部设备与微型计算机的连接电路。系统总线为 CPU 和其他各部件之间提供数据、地址和控制信号的传输通道。

3. 微型计算机系统

以微型计算机为中心，配上外部设备、软件系统和电源等构成的能独立工作、完整的计算机系统，即为微型计算机系统。外部设备通过 I/O 接口与微型计算机连接，用来实现数据的输入和输出，微型计算机常用的外部设备包括显示器、键盘、鼠标、磁盘、光驱、打印机、绘图仪等。此外，必须配上系统软件，微型计算机系统才能工作，微型机常用的系统软件包括操作系统等。

上面阐述了微型计算机系统的基本组成，同时也介绍了微处理器、微型计算机、微型计算机系统三者之间的关系。实际上通常所讲的微型计算机指的就是微型计算机系统。

1.2.4　微型计算机的典型结构

微型计算机在工作中，各功能部件之间有大量的信息相互传送，要完成这些信息的相互传送，需要有一组公共的传输线把各部件连接起来，这组公共传输线称为系统总线(Bus)。系统总线按传输的信息类别又可分为地址总线 AB(Address Bus)、数据总线 DB(Data Bus)和控制总线 CB(Control Bus)，各部件之间通过这三组总线连接起来。微型计算机的典型硬件结构如图 1.4 所示。

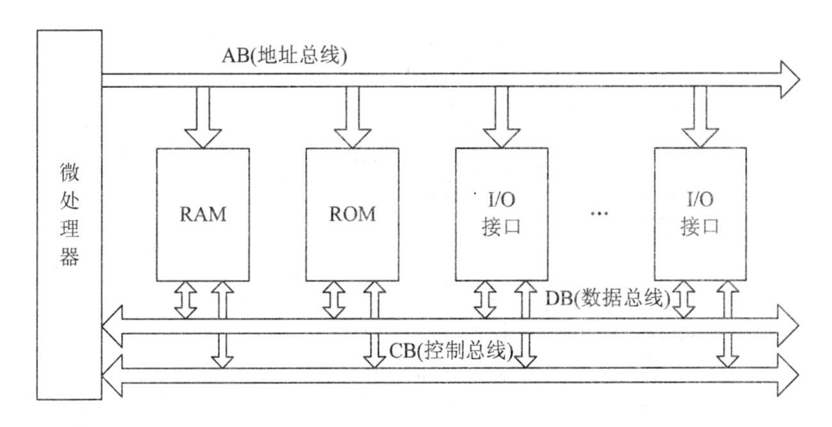

图 1.4　微型计算机的典型硬件结构

地址总线 AB 是传送地址信息的一组单向总线，它把 CPU 要访问的外部单元地址送到存储器或 I/O 口。

数据总线 DB 是传送数据信息的双向总线。CPU 与存储器及 CPU 与 I/O 接口之间的数据都通过数据总线传送，即可取出又可存入，故数据总线是双向的。通常有 8 位、16 位、32 位、64 位等几种数据总线。

控制总线 CB 用来传送控制和状态信息，如读信号、写信号、中断信号等。有的是 CPU 到存储器和外设接口的控制信号，有的是外设到 CPU 的信号。控制总线既有输入线又有输出线，但每条线一般是单向的。

微型计算机的这种结构称为单总线结构，即用一组总线(数据线、地址线、控制线)将所有部件连接起来。这种结构的缺点是每一时刻只能传输一个数据，不能多路并行传输，故操作速度慢。为解决这个问题可采用双总线结构，即部件之间使用两组相互独立的总线进行连接，两组总线可并行工作，这样就提高了工作效率。此外，还有多总线结构，但实现起来比较复杂。

1.3　微型计算机的工作过程

1.3.1　存储器的组织及工作过程

存储器是用来存放数据和程序的。在计算机内部，数据和程序都是用二进制码的形式表示。一般 8 位二进制码称为一个字节(Byte)，一个或多个字节组成一个字(Word)。存储器中每个存储单元存放一个字节或一个字，这样存储器需要很多单元来存放数据和程序，为了能识别不同的单元，赋予每个单元一个编号——地址。

下面以 256 个单元的存储器为例，说明存储器的组织。256 个单元，每个存储单元对应一个编号，编号范围为 0～255，用 8 位二进制码表示编号即为 00000000～11111111(00H～FFH)，如图 1.5 所示。

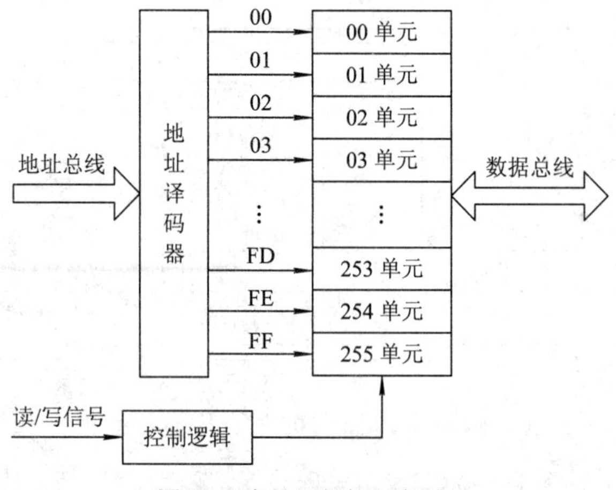

图 1.5　存储器组织示意图

来自地址总线的地址信号，经过地址译码器的译码，选中相应的存储单元，以便从中读出信息或写入信息，控制部件控制存储器的读写过程。

存储器在进行读写工作时，先由 CPU 通过地址线给出要读写信息存放的单元地址，经过地址译码器的译码，选中相应的存储单元，再由读写控制信号经过控制逻辑来控制读出或写入。要读出信息时，选中单元的数据经数据总线送往 CPU 进行处理。要写入信息时，由 CPU 将数据通过数据总线写入到选中的单元。

1.3.2　微型计算机的工作过程

微型计算机的工作过程就是执行程序的过程。程序是指令的序列，执行程序就是逐条取出程序的指令，并对指令进行分析，然后完成该指令规定的操作。所以微型计算机的工作过程可概括为：取指令→分析指令→执行指令。

图 1.6 为微型机的工作过程示意图。存储器通过三条总线与微处理器(CPU)进行连接，

程序按顺序存放在连续的存储单元中。

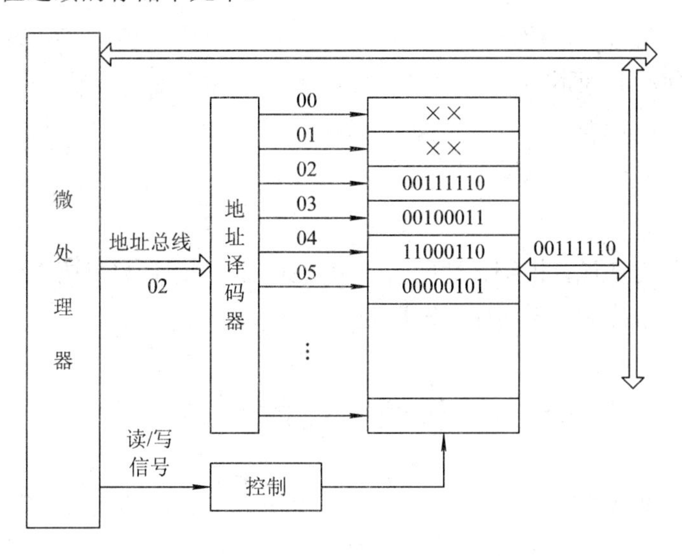

图 1.6　微型计算机工作过程示意图

首先，CPU 给出第一条指令的地址，如为 02，通过地址总线送到地址译码器。经译码后找到存放第一条指令的 02 单元。CPU 发出读命令，在读命令控制下，将这条指令 00111110 读出，经数据总线送入 CPU。CPU 对该指令进行译码分析，发出一系列的控制信号，完成该指令指定的操作。该指令执行完成后，CPU 再给出下条指令的地址，继续按上述过程执行，直到整个程序运行完毕为止。

1.4　计算机的性能指标

一台计算机系统的技术性能，是由其系统结构、指令系统、外部设备以及软件丰富度等多方面因素决定的。不同用途的计算机，其侧重点也不同。计算机的主要性能指标有以下几个。

1. 基本字长

字长是指参与运算的数据的基本二进制位数。字长标志着计算精度，它决定了内部寄存器、运算器和数据总线的位数，一般为 8 位、16 位、32 位、64 位等。当计算机的字长确定后，为提高精度可采用双倍或多倍字长运算。

2. 内存容量

内存容量代表内存储器的存储单元个数。通常计算机存储器容量以字节(Byte)为单位。可直接访问的内存容量大小受地址总线条数的限制。

表示容量的单位有 KB (KiloByte)、MB (MegaByte)、GB (GigaByte)、TB (TeraByte)，其关系为

1 KB = 1024 B (1024)，1 MB = 1024 KB，1 GB = 1024 MB，1 TB = 1024 GB

3. 运算速度

运算速度是指每秒执行的指令条数，一般用 MPS 表示，意为一百万条指令每秒。计算机对不同指令的执行时间不同，一般用执行指令的平均时间来衡量，也可以用 CPU 的时钟频率来比较运算速度，如 266 MHz、350 MHz、550 MHz 和 750 MHz 等。一般而言，CPU 时钟频率越高，计算机运算速度越快。

4. 性能价格比

性能价格比是衡量计算机综合性能的一项指标，除考虑计算机的工作性能外，还考虑了其价格。性能价格比大，表明计算机性能好、价格低。

1.5　计算机中的数制与编码

输入计算机中的数据、字母、符号、汉字等信息，必须转换成“0”、“1”组合的二进制码形式，才能被计算机识别、处理。也就是说计算机中所有信息都是用二进制形式表示的。

1.5.1　计数制及其相互转换

1. 计数制

计数制是计数的方式。按进位原则进行计数的方法称为进位计数制，简称进位制。在日常生活中，最常用的是十进制数，即“逢十进一”。除了十进制外还有六十进制(如钟表的时、分、秒)、十二进制(如十二个月为一年)等。

数据无论采用哪种进位制，都包含两个要素：基数和位权。

基数是某种计数制中允许的数字符号的个数。如十进制数，有 0，1，2，…，8，9 这 10 个数字符号，其基数为 10。在 R 进制数中，基数为 R 即包含 R 个不同的数字符号，每个数位计满 R 就向高位进 1，即“逢 R 进 1”。

一个数字符号所在的位置不同，代表数值的大小也不同。如十进制数 3456 中“6”所在的位置是“个位”，代表 6 个，“5”所在的位置是“十位”，代表 50……每个数字符号所表示的数值等于该数字符号的值乘以一个与数码位置有关的常数，这个常数叫位权，简称“权”。十进制中的“个”、“十”、“百”、“千”…对应的位权分别为 1，10，100，1000…就是各位的位权，所以每一位上的数码值与该位权的乘积表示该位数值的大小。

位权的大小是以基数为底，数字符号所在的位置序号为指数的整数次幂。如十进制数 888.8 百位的 8 表示 800，即 8×10^2，基数为 10，8 所在位置序号为 2，10^2 为百位的位权。

例 1.1　在十进制计数制中，将 123.45 表示为按权展开的多项式和的形式。

解　$123.45 = 1 \times 10^2 + 2 \times 10^1 + 3 \times 10^0 + 4 \times 10^{-1} + 5 \times 10^{-2}$

2. 计算机中常用的进位计数制

计算机中常用的计数制有十进制、二进制、八进制、十六进制。实际上计算机能直接识别处理的只是二进制，这里的十进制、八进制和十六进制是在应用计算机的汇编语言、高级语言等情况下使用的，即在虚拟机上使用的进位计数制。

为了区分各进制数，常在数字后面加一个字母来标识：二进制用 B，八进制用 O (为防止字母 O 与数字 0 混淆，常用 Q 表示)，十六进制用 H，十进制用 D (通常省略)。

1) 十进制

十进制是人们日常生活中使用最多的进位制，其基数 R = 10，数字符号 K 为 0，1，2，…，9，采用“逢十进一”计数。人们对其表示、运算等都非常熟悉，故本节不再讨论。

2) 二进制

计算机内部对各种各样的数据、操作命令、存储地址等都使用二进制码表示，这是因为二进制有以下几方面优点：

(1) 二进制数物理上容易实现，可用电位高、低，脉冲有、无，电源正、负极性，开关开、合，器件的两个稳态等来表示二进制数的 0 和 1。

(2) 二进制数运算规则简单，可用开关电路实现。

(3) 二进制数的 0 和 1 正好与逻辑代数的 0、1 吻合，可方便进行逻辑运算。

(4) 二进制与十进制、八进制、十六进制的转换关系简单。

二进制数，基数 R = 2，数字符号为 0、1，采用“逢二进一”计数。

3) 八进制

八进制与二进制有一种特殊关系，即 3 位二进制数表示 1 位八进制数，这样常用八进制作为二进制的书写形式。

八进制数，基数 R = 8，数字符号 K 为 0、1、2、3、4、5、6、7，采用“逢八进一”计数。

4) 十六进制

十六进制是计算机的一种常用书写形式。采用“逢十六进一”计数，其基数 R = 16。

1.5.2　不同进制数之间的转换

1. 十进制数转换为二进制数

十进制数转换为二进制数应该将整数部分和小数部分分别进行转换。

1) 十进制整数转换成二进制整数

将已知的十进制数反复除以 2 每次取其余数，若得到的余数为 1，则对应二进制数的相应位为 1，若得到的余数为 0，则对应二进制数的相应位为 0，第一次得到的余数是二进制数的最低位，最后一次余数是二进制数的最高位，从低位到高位逐次进行，直至商为 0 为止。这种方法也称为除 2 取余法。

所以有 215D = 11010111B。

2) 十进制纯小数转换成二进制纯小数

将已知的十进制纯小数部分反复乘以 2 每次取其整数，若得到的整数为 1，则对应二

进制数的相应位为 1，若得到的整数为 0，则对应二进制数的相应位为 0，第一次乘 2 得到的整数是二进制数的最高位，从高位到低位逐次进行，直至满足精度要求或乘 2 后的小数部分为 0 为止。这种方法也称为乘 2 取整法。

3) 十进制混合小数转换为二进制数

混合小数由整数和小数复合而成，需要将整数部分和小数部分分别进行转换，然后将转换结果组合起来即可。

例 1.2　将 215.725D 转换为二进制数。

解　求得

$$215D = 11010111B$$

$$0.725D = 0.1011B$$

则

$$215.725D = 11010111.1011B$$

2．二进制数转换为十进制数

将二进制数转换为十进制数，只需要将二进制数按位权展开求和，便得到相应的十进制数。

例 1.3　将二进制数 11011.1001B 转换为十进制数。

解　11011.1001B

$$= 1 \times 2^4 + 1 \times 2^3 + 0 \times 2^2 + 1 \times 2^1 + 1 \times 2^0 + 1 \times 2^{-1} + 0 \times 2^{-2} + 0 \times 2^{-3} + 1 \times 2^{-4}$$

$$= 16 + 8 + 2 + 1 + 0.5 + 0.0625$$

$$= 27.5625$$

1.5.3　数据校验码

数据在计算机系统内的存取、传送过程中，有可能产生错误，例如“1”误变为“0”或“0”误变为“1”等。为提高数据传输的正确性，一方面要提高硬件电路的可靠性和抗干扰能力，另一方面要在数据的编码上采取检错纠错的措施。数据校验是指通过少量电路和软件的方法发现某些错误，甚至确定错误的性质和出错的位置，进而改错的一种措施。

数据校验码是一种常用的带有发现某些错误或自动改错能力的数据编码方法。其实现原理是在合法的数据之间，加进一些不允许出现的编码(非法码)，使得当合法数据出现错误时，就成为非法码，通过检测码的合法性而发现错误。

这里要用到码距的概念。码距是指任意两个合法码之间，不相同二进制位数的最小值。当仅有一位不相同时，称其码距为 1，例如用 4 位二进制表示 16 种状态，则 16 种编码都用到了，每个状态都合法，码距为 1，此时无查错能力。因为任何一位出错，都变成另一个合法码，无法检错。

合理安排编码数量和规则，就可提高查错能力和纠错能力。如果采用如下编码来表示：即 0000，0011，0101，0110，1001，1010，1100，1111，则码距变成 2，即任意两个码之间，至少有 2 个二进制位不同。这样若有一位出错，则变成非法码，可查出一位错。可见增加码距可增加查错能力。校验码的种类很多，有奇偶校验码、交叉校验码和循环冗余校验码等。

习　　题

1. 如何划分计算机发展的 4 个阶段？当前广泛应用的计算机主要采取哪一代的技术？
2. 微型计算机的发展是以什么为表征的？
3. 什么是计算机硬件？什么是计算机软件？
4. 计算机硬件由哪几部分组成？各部分的作用是什么？
5. 计算机的软件是如何分类的？
6. 冯•诺依曼结构的特点是什么？
7. 微型计算机是如何分类的？计算机是如何分类的？
8. 计算机有哪几方面的应用？
9. 微处理器、微型计算机和微型计算机系统三者之间有什么不同？
10. 计算机能直接识别的是什么语言？汇编语言和高级语言程序如何在计算机上运行？
11. 计算机系统可分几个层次？说明各层次的特点及其相互联系。
12. 什么是总线？微型计算机的总线分为哪几类？
13. 画出微型计算机的典型结构。
14. 微型计算机系统的典型配置有哪几方面？
15. 概括说明计算机的工作过程。
16. 计算机有哪些主要性能指标？

第 2 章　微处理器结构及总线操作时序

2.1　中央处理器的功能和组成

2.1.1　中央处理器的功能

计算机对信息进行处理是通过程序的执行而实现的。CPU 要控制整个程序的执行，应具有以下基本功能。

1．程序控制

程序的顺序控制称为程序控制。由于程序是一个指令序列，这些指令的前后顺序关系不能任意颠倒，必须严格按程序规定的顺序进行。因此，保证计算机按一定的顺序执行程序是 CPU 的首要任务。

2．操作控制

一条指令的功能是由若干操作信号的组合来实现的。执行指令的过程就是完成相应的微操作序列。CPU 管理并产生每条指令的操作信号，把操作信号送到相应的部件，从而控制这些部件按指令的要求完成相应的任务。

3．时间控制

对各种操作实施时间上的控制称为时间控制。在计算机中，各种操作信号均受到时间的严格控制，每条指令的整个执行过程也受到时间的严格控制。只有这样，计算机才能有条不紊地自动工作。实施时间控制也是 CPU 的一项任务。

4．数据加工

数据加工就是对数据进行各种运算和处理。数据的加工处理是 CPU 的根本任务。

2.1.2　中央处理器的组成

CPU 的组成包括两大部分：运算器和控制器。典型 CPU 的组成框图如图 2.1 所示。运算器由算术逻辑单元、累加器、数据寄存器、状态寄存器等组成。运算器在控制器的控制下进行数据的加工处理，它是一个执行部件。

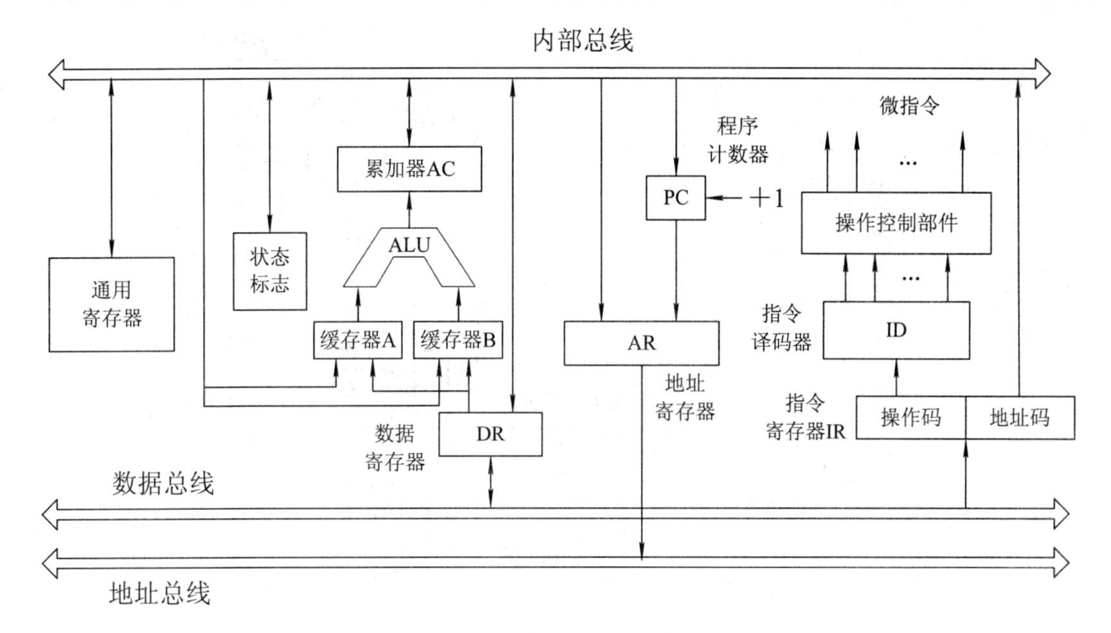

图 2.1　典型 CPU 的组成框图

控制器由程序计数器、指令寄存器、指令译码器、地址寄存器、时序产生电路和操作控制电路等构成。

一般 CPU 都配有一组通用寄存器，其数量的多少与指令系统的设计有关。通用寄存器是在数据处理过程中可以指定不同用途的一组寄存器，为了高速处理数据，CPU 用这组寄存器来临时存放地址和数据。

2.2　8086 的内部结构

8086 是 Intel 80x86 系列的 16 位微处理器，它是采用 HMOS 工艺技术制造的，内部包含约 29 000 个晶体管。

8086 有 16 根数据线，20 根地址线，可寻址的地址空间达 1 MB。

8086 工作时，只要一个 5 V 电源和单相时钟，时钟频率为 5～10 MHz。

在推出 8086 微处理器的同时，Intel 公司为与当时已有的一整套 Intel 外围设备接口芯片直接兼容使用，还推出了一种准 16 位的微处理器 8088。8088 的内部寄存器、内部运算器部件以及内部操作都是按 16 位设计的，但对外的数据总线只有 8 条。

要掌握一个 CPU 的工作性能和使用方法，首先应该了解它的编程结构。所谓编程结构，就是指从程序员和使用者角度看到的结构，当然，这种结构与 CPU 内部的物理结构和实际布局是有较大不同的。

图 2.2 为 8086 微处理器的内部结构，该结构是按编程结构给出的。从功能上来讲 8086 分为两大部分，总线接口部件(Bus Interface Unit，BIU)和执行部件(Execution Unit，EU)。

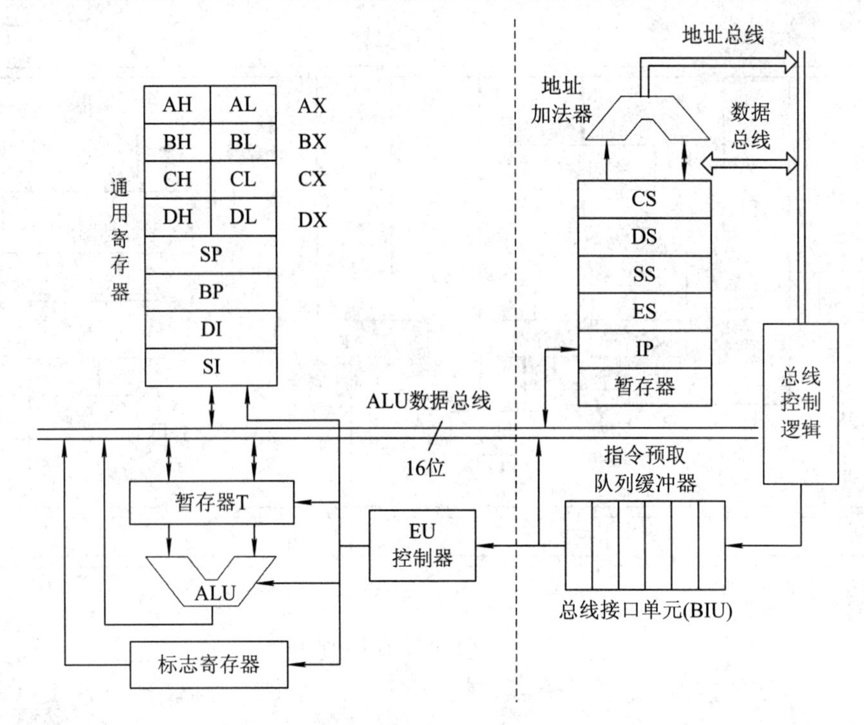

图 2.2　8086 的内部结构

2.2.1　总线接口部件 BIU

1. 总线接口部件的功能

总线接口部件的功能是负责 CPU 与存储器、I/O 接口之间的数据传送。具体就是从内存单元或者外设端口中取数据，传送给执行部件，或者把执行部件的操作结果传送到指定的内存单元或外设端口中。

总线接口部件由下列各部分组成。

1) 4 个段地址寄存器

CS 代码段寄存器(16 位)；

DS 数据段寄存器(16 位)；

ES 附加数据段寄存器(16 位)；

SS 堆栈段寄存器(16 位)。

8086 的存储器是分段使用的，在编程时，程序通常可分为代码段、数据段、堆栈段、附加数据段。程序和数据在内存中分段存储：由 CS 存放代码段地址，DS 存放数据段地址，ES 存放附加数据段地址，SS 存放堆栈段地址。

2) 指令指针寄存器(16 位)

程序运行时，由 CS 指定段地址，IP 指定段内偏移量，即程序的运行地址由 CS 和 IP 共同给出。IP 在程序运行时有自动增量的功能，即每运行一条指令后，IP 自动指向下条指令地址。

3) 地址加法器(20 位)

地址加法器用于形成 20 位访问地址。

4) 指令队列(6 个字节)

8086 的指令队列为 6 个字节(8088 为 4 个字节)，在执行指令的同时，从存储器中取下面一条或几条指令放入指令队列，这样 CPU 执行完一条指令即可立即执行下条指令，不用等待执行完一条指令后再取指令，提高了 CPU 的效率。

5) 总线控制逻辑

总线控制逻辑对数据总线、地址总线、控制总线进行管理控制。

2．8086 CPU 地址形成

地址加法器用来产生 20 位地址。因 8086 有 20 位地址线，可直接寻址的最大内存空间为 2^{20} = 1 MB，即 00000H～FFFFFH。而 8086 的内部所有寄存器都是 16 位，不能直接计算和给出 20 位地址，需由地址加法器根据 16 位信息计算出 20 位的物理地址。

因此在 8086 的内存管理中，引入分段的概念。因寄存器均为 16 位，所以每段最多为 2^{16} = 64 KB 空间，段与段之间是可重叠的，如图 2.3 所示。

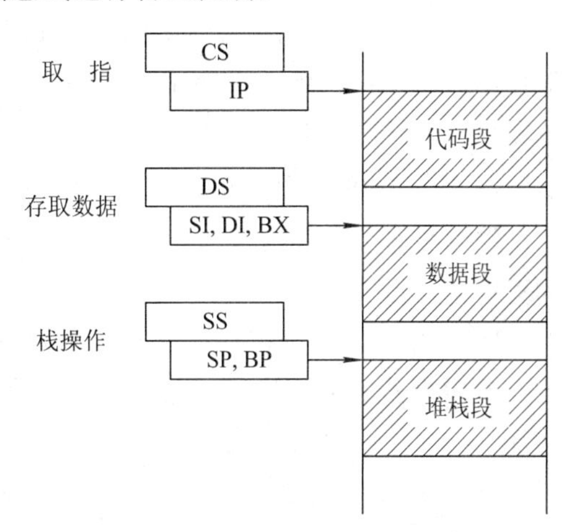

图 2.3　8086 存储器的分段管理

程序设计中，一个程序可以有代码段、数据段、堆栈段和附加数据段，分别由段寄存器 CS、DS、SS、ES 指向相应段的起始地址。8086 CPU 一次只能访问某一个段中的一个单元，究竟访问段中的哪一个单元，由段内的偏移量指出，段内偏移量都是从零开始编址的。一般代码段的偏移量在 IP 中；数据段偏移量根据不同寻址方式由多种形式给出，如寄存器间址寻址时偏移量由 BX、SI 等寄存器给出；堆栈段偏移量一般由 SP 或 BP 给出；附加段偏移量一般可由 DI 给出。由地址加法器根据 16 位信息计算出 20 位的物理地址时，按如下方法计算：

$$物理地址 = 段地址 \times 16 + 偏移量$$

即物理地址是由段地址左移 4 位加上段内偏移量得到。二进制数每左移 1 位相当于乘 2，所以左移 4 位相当于乘 16。同一物理地址对应的段地址和偏移量是不唯一的，因同一物理存储单元可在不同的逻辑分段中。

例 2.1　某单元的逻辑地址为 4B09H:5678H，则该存储单元的物理地址为

$$\begin{aligned}物理地址(PA) &= 段地址 \times 10H + EA \\ &= 4B09H \times 10H + 5678H \\ &= 4B090H + 5678H = 50708H\end{aligned}$$

2.2.2 执行部件 EU

1. 执行部件的功能

执行部件的功能是负责指令的执行。执行指令时，执行部件从总线接口部件的指令队列中取出指令，由控制器单元内部的指令译码器进行译码，并给各部件发出相应的控制信号，完成指令的功能。即对数据进行运算和处理，并控制 BIU 部件进行数据交换等。执行部件由以下四部分组成。

1) 4 个 16 位通用寄存器

8086 有 AX、BX、CX、DX 共 4 个 16 位通用寄存器，一般用于暂存中间运行的结果和参加运算的数据。这 4 个通用寄存器既可作为 16 位寄存器使用，也可分为 8 个 8 位寄存器使用，即 AH、AL、BH、BL、CH、CL、DH、DL。AX 也称为累加器，指令系统中有很多指令是利用累加器来执行的。

2) 4 个 16 位专用寄存器

这 4 个专用寄存器是基址指针寄存器 BP、堆栈指针寄存器 SP、源变址寄存器 SI 和目的变址寄存器 DI。

BP、SI、DI 用于在寄存器间接寻址方式下，存放基地址和变址；SP 负责在堆栈操作时，确定堆栈在内存中的位置，即指出段内偏移量。这几个寄存器也兼有通用寄存器的功能。

3) 1 个 16 位标志寄存器

标志寄存器(FR)存放 CPU 运算结果的特征状态和控制状态。

4) 算术逻辑单元

算术逻辑单元(ALU)是运算器的核心部件，用于完成数据的算术运算和逻辑运算等。

2. EU 控制电路

EU 控制电路是控制器的核心部件，主要作用是对指令操作码进行译码，产生各种微操作控制信号，控制各部件完成指令功能。

3. 8086 的标志寄存器

8086 的标志寄存器有 16 位，使用了其中的 9 位，设置了 9 个标志。这 9 个标志按功能分为两大类：状态标志(SF、ZF、PF、CF、AF、OF)和控制标志(DF、IF、TF)。

2.2.3 EU 和 BIU 的关系

从上面的操作过程可以看出，EU 只负责执行指令，BIU 则负责取指令、读出操作数和写入结果。在一般简单的处理器指令周期中，各种操作是顺序进行的：首先取指并译码，如果译码的结果需要从存储器取操作数，则启动一个总线周期去读操作数；其次执行指令；最后存储操作的结果，如图 2.4(a)所示。

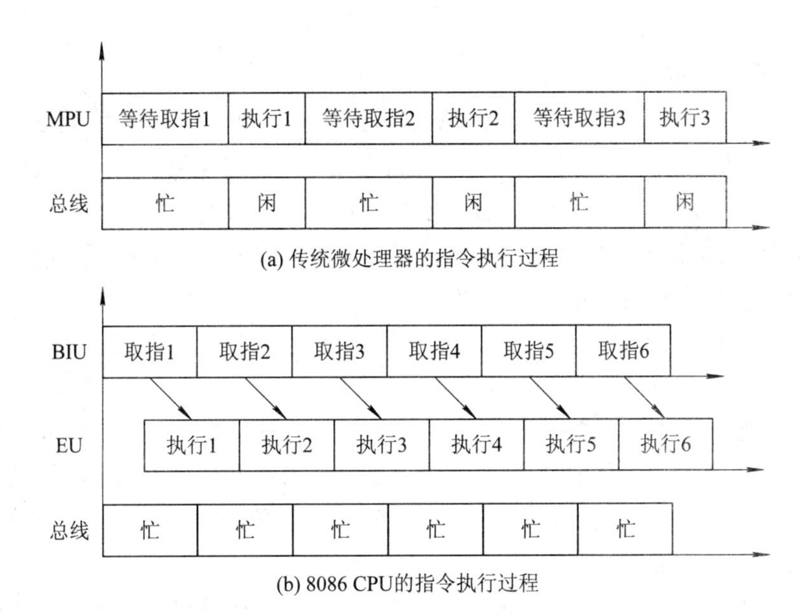

图 2.4　EU 和 BIU 的关系

在 8086/8088 中，BIU 和 EU 这两个部件既有独立工作的一面，又有互相配合的一面。大多数情况下，取指和执行指令在时间上是重叠进行的，如图 2.4(b)所示。

2.2.4　8086 CPU 的(基本)寄存器的结构

8086 CPU 中有 14 个可供编程使用的 16 位寄存器，用于对指令及操作数的寻址、控制指令的执行和提供操作数。按功能可以分为通用寄存器组、控制寄存器组和段寄存器组。图 2.5 所示为 8086 内部寄存器结构。

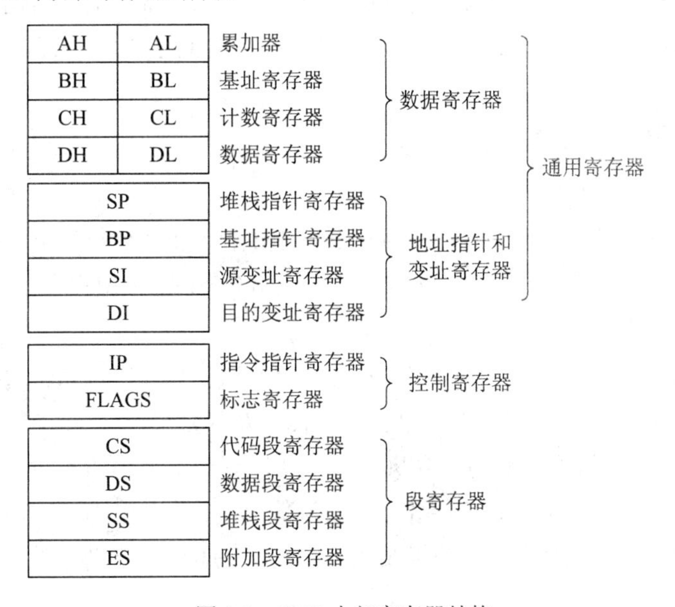

图 2.5　8086 内部寄存器结构

1．通用寄存器

1) 数据寄存器 AX、BX、CX、DX

数据寄存器一般用于存放参与运算的操作数或运算结果。每个数据寄存器都是 16 位的，可将高、低 8 位分别作为两个独立的 8 位寄存器来用。高 8 位分别记作 AH、BH、CH、DH，低 8 位分别记作 AL、BL、CL、DL。AX 就是指两个 8 位寄存器 AH 和 AL。

注意：8086/8088 CPU 的 14 个寄存器除了这 4 个 16 位寄存器能分别当作两个 8 位寄存器来用之外，其他寄存器都不能如此使用。

AX 称为累加器。用该寄存器存放运算结果可使指令简化，提高指令的执行速度。此外，所有的 I/O 指令都使用该寄存器与外设端口交换信息。

BX 称为基址寄存器。8086/8088 CPU 中有两个基址寄存器 BX 和 BP。BX 用来存放操作数在内存中数据段内的偏移地址，BP 用来存放操作数在堆栈段内的偏移地址。

CX 称为计数器。在设计循环程序时使用该寄存器存放循环次数，可使程序指令简化，有利于提高程序的运行速度。

DX 称为数据寄存器。在寄存器间接寻址的 I/O 指令中存放 I/O 端口地址；在作双字长乘除法运算时，DX 与 AX 一起存放一个双字长操作数，其中 DX 存放高 16 位数。

2) 地址指针寄存器 SP、BP

SP 称为堆栈指针寄存器。在使用堆栈操作指令(PUSH 或 POP)对堆栈进行操作时，每执行一次进栈或出栈操作，系统会自动将 SP 的内容减 2 或加 2，以使其始终指向栈顶。

BP 称为基址寄存器。作为通用寄存器，它可以用来存放数据，但更经常、更重要的用途是存放操作数在堆栈段内的偏移地址。

3) 变址寄存器 SI、DI

SI 称为源变址寄存器，DI 称为目的变址寄存器。这两个寄存器通常用于字符串操作时存放操作数的偏移地址，其中 SI 存放源串在数据段内的偏移地址，DI 存放目的串在附加数据段内的偏移地址。

2．专用寄存器(控制寄存器)

1) 指令指针寄存器 IP

在 8086/8088 中，IP 是一个 16 位的寄存器，用于存放 EU 要执行的下一条指令的偏移地址，以控制程序中指令的执行顺序，实现对代码段指令的跟踪。用户程序不能直接访问 IP。

2) 标志寄存器 FR

在 8086/8088 中，标志寄存器是一个 16 位的寄存器，共 9 个标志，其中 6 个用作状态标志，3 个用作控制标志。下面分别给出了 9 个标志及其含义。

(1) 符号标志 SF：指出前面的运算执行后，其运算结果是正还是负，它和运算结果的最高位相同。SF = 0，结果为正；SF = 1，结果为负。

(2) 零标志 ZF：指示当前运算结果是否为 0。ZF = 0，运算结果非零；ZF = 1，运算结果为零。

(3) 奇偶标志 PF：指示运算结果低 8 位 1 的个数的奇偶性。PF = 0，运算结果 1 的个数为奇数；PF = 1，运算结果 1 的个数为偶数。

(4) 进位标志 CF：指示运算结果最高位有无进(借)位。CF = 0，无进(借)位；CF = 1，有进(借)位。

(5) 辅助进位标志 AF：反映运算时半字节有无进(借)位。半进位即一个字节中，低 4 位向高 4 位的进位。AF = 0，无半进位；AF = 1，有半进位。辅助进位标志一般在 BCD 码运算中作为是否进行十进制调整的判断依据。

(6) 溢出标志 OF：反映运算结果有无溢出。OF = 0，无溢出；OF = 1，有溢出。

(7) 方向标志 DF：控制串操作地址的增减性。DF = 0，串操作过程中地址不断增值；DF = 1，串操作过程中地址不断减值。

(8) 中断标志 IF：控制是否允许响应可屏蔽中断。IF = 0，禁止中断；IF = 1，允许中断。

(9) 跟踪标志 TF：控制单步运行。TF = 0，非单步运行；TF = 1，单步运行。

3．段寄存器

为了对 1M 个存储单元进行管理，8086/8088 对存储器进行分段管理，即将程序代码或数据分别放在代码段、数据段、堆栈段或附加数据段中，每个段最多可达 64K 个存储单元。段地址分别放在对应的段寄存器中，代码或数据在段内的偏移地址由有关寄存器或立即数给出。8086CPU 共有 4 个 16 位的段寄存器，用来存放每一个逻辑段的段起始地址。

1) 代码段寄存器 CS

CS 用来存储程序当前使用的代码段的段地址。CS 的内容左移四位再加上指令指针寄存器 IP 的内容就是下一条要读取的指令在存储器中的物理地址。

2) 数据段寄存器 DS

DS 用来存放程序当前使用的数据段的段地址。DS 的内容左移四位再加上指令中存储器寻址方式给出的偏移地址即得到对数据段指定单元进行读写的物理地址。

3) 堆栈段寄存器 SS

SS 用来存放程序当前使用的堆栈段的段地址。堆栈是存储器中开辟的按先进后出原则组织的一个特殊存储区，主要用于调用子程序或执行中断服务程序时保护断点和现场。

4) 附加数据段寄存器 ES

ES 用来存放程序当前使用的附加数据段的段地址。附加数据段用来存放字符串操作时的目的字符串。

2.3　8086CPU 的外部引脚特性

8086CPU 引脚图如图 2.6 所示，按功能可分为三大类：电源线和地线、地址/数据引脚以及控制总线引脚。

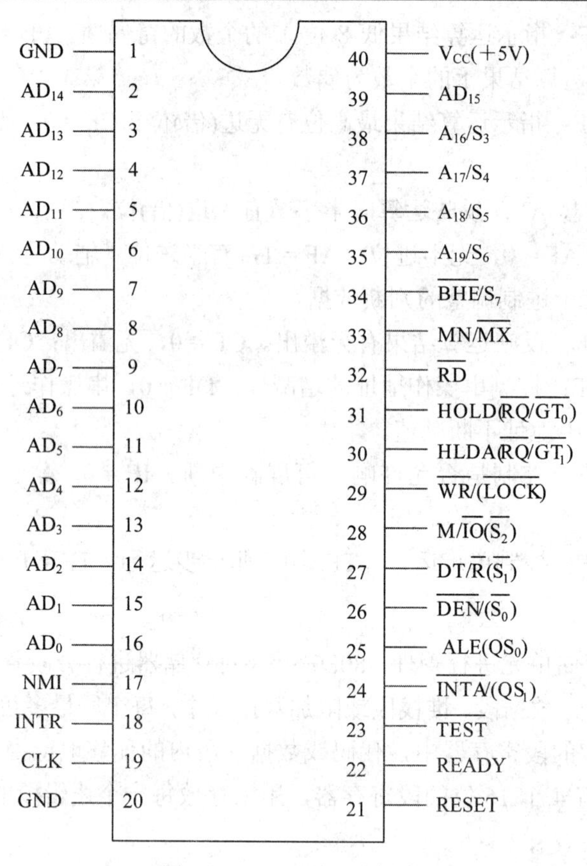

图 2.6　8086 CPU 引脚图

2.3.1　电源线和地线

电源线 V_{CC}(第 40 引脚)：输入，接入单一 +5 V(±10%)电源。地线 GND(引脚 1 和 20)：输入，两条地线均应接地。

2.3.2　地址/数据引脚

地址/数据分时复用引脚 AD_{15}～AD_0(Address Data)：引脚 39 及引脚 2～16，传送地址时单向输出，三态；传送数据时双向输入或输出，三态。采用分时复用，即在 T_1 状态时作地址线用，T_2～T_4 状态时作数据线用。

地址/状态分时复用引脚 A_{19}/S_6～A_{16}/S_3(Address/Status)：引脚 35～38，输出、三态总线。采用分时输出，即在 T_1 状态时作地址线用，T_2～T_4 状态时输出状态信息。当访问存储器时，T_1 状态输出 AD_{19}～AD_{16}，与 AD_{15}～AD_0 一起构成访问存储器的 20 位物理地址；CPU 访问 I/O 端口时，不使用这 4 个引脚，A_{19}～A_{16} 保持为 0。状态信息中的 S_6 为 0 表示 8086 CPU 当前与总线相连，所以在 T_2～T_4 状态时，S_6 总为 0，以表示 CPU 当前连在总线上；S_5 表示中断允许标志位 IF 的当前设置，IF = 1 时，S_5 为 1，否则为 0；S_4～S_3 用来指示当前正在使用哪个段寄存器。

2.3.3　控制总线引脚

1. NMI

引脚 17，非屏蔽中断请求信号，输入，上升沿触发。此请求不受标志寄存器 FLAGS 中中断允许标志位 IF 状态的影响，只要此信号一出现，在当前指令执行结束后立即进行中断处理。

2. INTR

引脚 18，可屏蔽中断请求信号，输入，高电平有效。CPU 在每个指令周期的最后一个时钟周期检测该信号是否有效，若此信号有效，表明有外设提出了中断请求，这时若 IF=1，则当前指令执行完后立即响应中断；若 IF=0，则中断被屏蔽，外设发出的中断请求将不被响应。程序员可通过指令 STI 或 CLI 将 IF 标志位置 1 或清 0。

3. CLK

引脚 19，系统时钟，输入。它通常与 8284A 时钟发生器的时钟输出端相连。该时钟信号有效，高电平与时钟周期的比为 1∶3。

4. RESET

引脚 21，复位信号，输入，高电平有效。复位信号使处理器马上结束现行操作而对处理器内部寄存器进行初始化。8086/8088 要求复位脉冲宽度不得小于 4 个时钟周期。系统正常运行时，RESET 保持低电平。

5. READY

引脚 22，数据“准备好”信号线，输入。它实际上是所寻址的存储器或 I/O 端口发来的数据准备就绪信号，高电平有效。CPU 在每个总线周期的 T_3 状态对 READY 引脚采样，若为高电平，说明数据已准备好；若为低电平，说明数据还没有准备好，CPU 在 T_3 状态之后自动插入一个或几个等待状态 T_W，直到 READY 变为高电平，才能进入 T_4 状态，完成数据传送过程，从而结束当前总线周期。

6. $\overline{\text{TEST}}$

引脚 23，等待测试信号，输入。当 CPU 执行 WAIT 指令时，每隔 5 个时钟周期对引脚进行一次测试。若为高电平，CPU 就仍处于空转状态进行等待，直到引脚变为低电平，CPU 结束等待状态，执行下一条指令，以使 CPU 与外部硬件同步。

7. $\overline{\text{RD}}$

引脚 32，读控制信号，输出。当 $\overline{\text{RD}}=0$ 时，表示将要执行一个对存储器或 I/O 端口的读操作。到底是从存储单元还是从 I/O 端口读取数据，取决于 M/$\overline{\text{IO}}$ (8086)或 $\overline{\text{IO}}$/M (8088)信号，DMA 方式下该信号处于高阻状态。

8. $\overline{\text{BHE}}/S_7$

引脚 34，高 8 位数据总线允许/状态复用引脚，输出。$\overline{\text{BHE}}$ 在总线周期的 T_1 状态时输出，当该引脚输出为低电平时，表示当前数据总线上的高 8 位数据有效。该引脚和地址引

脚 A_0 配合表示当前数据总线的使用情况，S_7 在 8086 中未被定义，暂作备用状态信号线。

9．MN/$\overline{MX}$

引脚 33，最小/最大工作方式控制信号，输入。MN/$\overline{MX}$ 接高电平时，8086/8088 CPU 工作在最小工作方式，此方式下的全部控制信号由 CPU 提供；MN/$\overline{MX}$ 接低电平时，8086/8088 CPU 工作在最大工作方式，CPU 发出的控制信号经 8288 总线控制器进行变换和组合，从而使总线的控制功能更加完善。

2.3.4　8088 与 8086 引脚的不同

8088 与 8086 引脚的不同点如下：

(1) AD_{15}～AD_0 的定义不同。在 8086 中都定义为地址/数据分时复用引脚；而在 8088 中，由于只需要 8 条数据线，因此，对应于 8086 的 AD_{15}～AD_8 这 8 根引脚在 8088 中定义为 A_{15}～A_8，它们在 8088 中只作地址线用。

(2) 引脚 34 的定义不同。在最大工作方式下，8088 的第 34 引脚保持高电平，而 8086 在最大方式下 34 引脚的定义与最小工作方式下相同。

(3) 引脚 28 的有效电平高低定义不同。8088 和 8086 的第 28 引脚的功能是相同的，但有效电平的高低定义不同。8088 的第 28 引脚为 IO/$\overline{M}$，当该引脚为低电平时，表明 8088 正在进行存储器操作；当该引脚为高电平时，表明 8088 正在进行 I/O 操作。8086 的第 28 引脚为 M/$\overline{IO}$，电平与 8088 正好相反。

2.4　8086 微处理器系统配置

8086 微处理器有两种工作方式，下面对这两种工作方式下的系统基本配置进行分析。

2.4.1　最小工作方式

所谓最小工作方式，就是系统中只有 8086 一个微处理器，是一个单微处理器系统。在这种系统中，所有的总线控制信号都直接由 8086 CPU 产生，系统中的总线控制逻辑电路被减到最少。当把 8086 的 33 引脚 MN/$\overline{MX}$ 接 +5 V 时，8086 CPU 就处于最小工作方式，即单处理器方式。它适用于较小规模的微机系统，其典型系统结构如图 2.7 所示。

图 2.7 中：

- 8284A 为时钟发生器。
- 晶体的基本振荡频率为 15 MHz，经 8284A 三分频后，送给 CPU 作系统时钟。
- 系统中还有一个等待状态产生电路，它向 8284A 的 RDY 端提供一个信号，经 8284A 同步后向 CPU 的 READY 线发数据准备就绪信号，通知 CPU 数据已准备好，可以结束当前的总线周期。当 READY = 0 时，CPU 在 T_3 之后自动进入 T_W 状态，以避免 CPU 与存储器或 I/O 设备进行数据交换时，因后者速度慢而丢失数据。

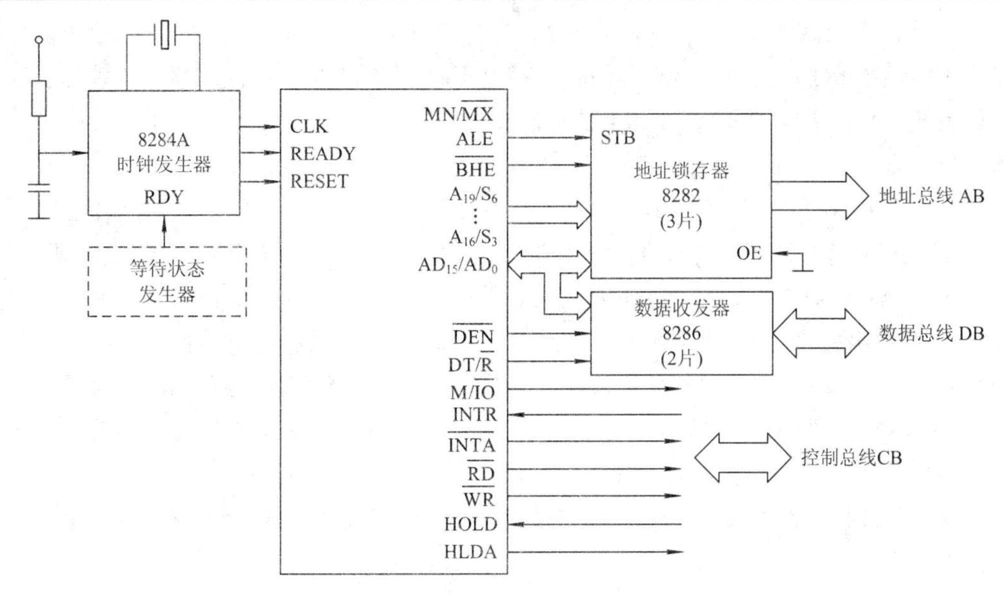

图 2.7　最小工作方式系统结构图

• 8282 为 8 位地址锁存器。当 8086 访问存储器时，在总线周期的 T_1 状态下发出地址信号，经 8282 锁存后的地址信号可以在访问存储器操作期间始终保持不变，为外部提供稳定的地址信号。8282 是典型的 8 位地址锁存芯片，8086 采用 20 位地址，再加上 $\overline{BHE}$ 信号，所以需要 3 片 8282 作为地址锁存器。

• 8286 为具有三态输出的 8 位数据总线收发器，用于需要增加驱动能力的系统。在 8086 系统中需要 2 片 8286，而在 8088 系统中只用 1 片就可以了。

在最小工作方式下，8086 CPU 第 24～31 引脚的功能如下：

• $\overline{INTA}$：引脚 24，中断响应信号，输出。该信号用于对外设的中断请求(经 INTR 引脚送入 CPU)作出响应。INTA 实际上是两个连续的负脉冲信号，第一个负脉冲通知外设接口，它发出的中断请求已被允许；外设接口接到第 2 个负脉冲后，将中断类型号放到数据总线上，以便 CPU 根据中断类型号到内存的中断向量表中找出对应的中断服务程序入口地址，从而转去执行中断服务程序。

• ALE：引脚 25，地址锁存允许信号，输出。它是 8086/8088 提供给地址锁存器的控制信号，高电平有效。在任何一个总线周期的 T_1 状态，ALE 均为高电平，以表示当前地址/数据复用总线上输出的是地址信息，ALE 由高到低的下降沿把地址装入地址锁存器中。

• $\overline{DEN}$：引脚 26，数据允许信号，输出。当使用数据总线收发器时，该信号为收发器的 OE 端提供了一个控制信号，该信号决定是否允许数据通过数据总线收发器。DEN 为高电平时，收发器在收或发两个方向上都不能传送数据，当 DEN 为低电平时，允许数据通过数据总线收发器。

• DT/$\overline{R}$：引脚 27，数据发送/接收信号，输出。该信号用来控制数据的传送方向，当其为高电平时，8086 CPU 通过数据总线收发器进行数据发送；当其为低电平时，则进行数据接收。在 DMA 方式下，它被置为高阻状态。

• $M/\overline{IO}$：引脚 28，存储器 I/O 端口控制信号，输出。该信号用来区分 CPU 是进行存储器访问还是 I/O 端口访问。当该信号为高电平时，表示 CPU 正在和存储器进行数据传送；如为低电平，表明 CPU 正在和 I/O 设备进行数据传送。在 DMA 方式下，该引脚被浮置为高阻状态。

• $\overline{WR}$：引脚 29，写信号，输出。$\overline{WR}$ 有效时，表示 CPU 当前正在进行存储器或 I/O 写操作，到底是哪一种写操作，取决于 M/IO 信号。在 DMA 方式下，该引脚被浮置为高阻状态。

• HLDA：引脚 30，总线保持响应信号，输出。当 CPU 接收到 HOLD 信号后，这时如果 CPU 允许让出总线，就在当前总线周期完成时，在 T_4 状态发出高电平有效的 HLDA 信号给予响应。此时，CPU 让出总线使用权，发出 HOLD 请求的总线主设备获得总线的控制权。

• HOLD：引脚 31，总线保持请求信号，输入。当 8086/8088 CPU 之外的总线主设备要求占用总线时，通过该引脚向 CPU 发一个高电平的总线保持请求信号。

说明：在最小工作方式下，8086 CPU 直接产生全部总线控制信号和命令输出信号，并提供请求访问总线的逻辑信号。

2.4.2　最大工作方式

当把 8086 的 33 脚 $MN/\overline{MX}$ 接地时，系统处于最大工作方式。最大工作方式是相对最小工作方式而言的，它主要用在中等或大规模 8086 系统中。在最大工作方式的系统中，总是包含两个或多个微处理器，是多微处理器系统，其中必有一个主处理器 8086，其他的处理器称为协处理器，其典型系统结构如图 2.8 所示。

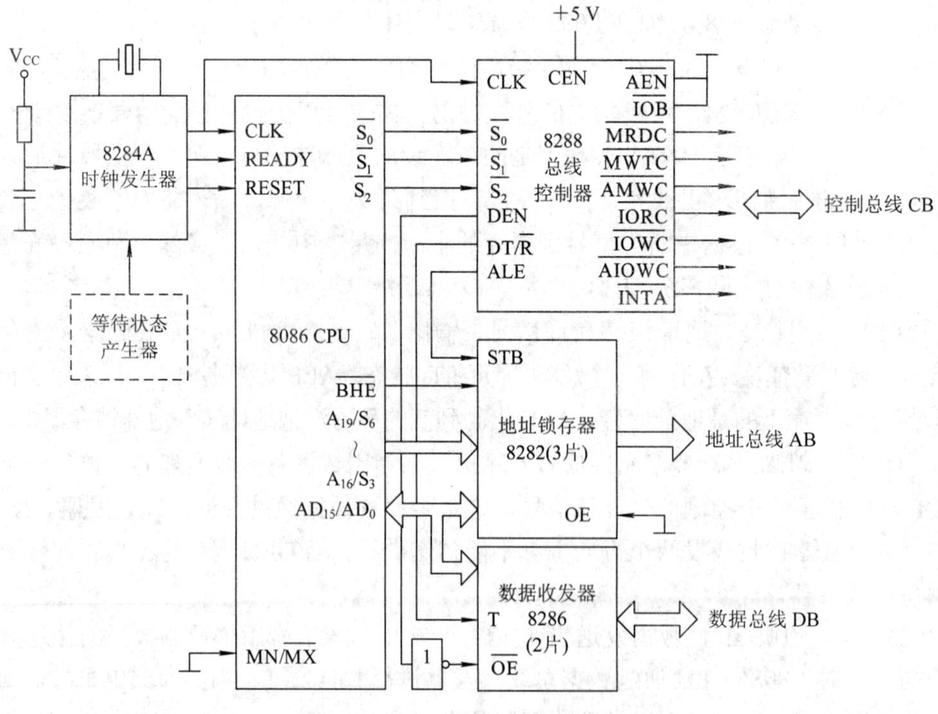

图 2.8　最大工作方式系统结构图

比较最大工作方式和最小工作方式的系统结构图可以看出：

相同点：最大工作方式和最小工作方式有关地址总线和数据总线的电路部分基本相同，即都需要地址锁存器及数据总线收发器。

不同点：控制总线的电路部分有很大差别。在最小工作方式下，控制信号可直接从 8086/8088 CPU 引脚得到，不需要外加电路。最大工作方式是多处理器工作方式，需要协调主处理器和协处理器的工作。因此，8086/8088 的部分引脚需要重新定义，控制信号不能直接从 8086/8088 CPU 引脚得到，需要外加 8288 总线控制器，通过它对 CPU 发出的控制信号(S_0，S_1，S_2)进行变换和组合，以得到对存储器和 I/O 端口的读写控制信号和对地址锁存器 8282 及对数据收发器 8286 的控制信号，使总线的控制功能更加完善。

在最大工作方式下，第 24～31 引脚的功能如下：

· QS_1、QS_0：引脚 24、25，指令队列状态信号，输出。QS_1、QS_0 两个信号电平的不同组合指明了 8086/8088 内部指令队列的状态。

· $\overline{S_2}$、$\overline{S_1}$、$\overline{S_0}$：引脚 26、27、28，输出总线周期状态信号。低电平有效的三个状态信号连接到总线控制器 8288 的输入端，8288 对这些信号进行译码后产生内存及 I/O 端口的读写控制信号。

· $\overline{LOCK}$：引脚 29，总线封锁信号，输出。当 LOCK 为低电平时，系统中其他总线主设备就不能获得总线的控制权而占用总线。LOCK 信号由指令前缀 LOCK 产生，LOCK 指令后面的一条指令执行完后，便撤销了 LOCK 信号。另外，在 DMA 期间，LOCK 被浮空而处于高阻状态。

· $\overline{RQ}/\overline{GT_1}$、$\overline{RQ}/\overline{GT_0}$：引脚 30、31，总线请求信号(输入)/总线请求允许信号(输出)。这两个信号可供 8086/8088 以外的 2 个总线主设备向 8086/8088 发出使用总线的请求信号 RQ(相当于最小工作方式时的 HOLD 信号)。而 8086/8088 在现行总线周期结束后让出总线，发出总线请求允许信号 GT(相当于最小工作方式时的 HLDA 信号)，此时，外部总线主设备便获得了总线的控制权。其中 $\overline{RQ}/\overline{GT_0}$ 比 $\overline{RQ}/\overline{GT_1}$ 的优先级高。

8288 总线控制器对 CPU 提供的状态信号 $\overline{S_2}$、$\overline{S_1}$、$\overline{S_0}$ 译码，产生各种命令信号和控制信号，包括 $\overline{ALE}$、DT/$\overline{R}$ 和 DEN 均由 8288 提供，而不是由 CPU 提供。

$\overline{MRDC}$：读存储器命令，此命令有效时，将被选中的存储单元中的数据读到 DB 上。

$\overline{IORC}$：读 I/O 端口命令，此命令有效时，将被选中的 I/O 端口中的数据输入到 DB 上。

$\overline{MWTC}$：写存储器命令，此命令有效时，把 DB 上的数据写到所选中的存储单元中。

$\overline{IOWC}$：写 I/O 端口命令，此命令有效时，把 DB 上的数据写到所选中的 I/O 端口中。

$\overline{AMWC}$：超前写存储器命令，功能与 $\overline{MWTC}$ 相同，只是提前 $\overline{MWTC}$ 一个 T 状态出现。

$\overline{AIOWC}$：超前写 I/O 端口命令，功能与 $\overline{IOWC}$ 相同，只是提前 $\overline{IOWC}$ 一个 T 状态出现。

$\overline{INTA}$：中断响应信号，与最小工作方式下 CPU 提供的 $\overline{INTA}$ 相同。

控制信号 ALE、DT/$\overline{R}$、DEN：与最小工作方式中 CPU 发出的相同，仅 DEN 极性相反。

$\overline{\text{IOB}}$：输入/输出总线方式，低电平时 8288 处于系统总线的方式；高电平时处于 I/O 总线方式。

$\overline{\text{AEN}}$：地址使能，高电平时 8288 各种命令无效；低电平时，在系统总线方式下至少 $\overline{\text{AEN}}$ 有效后 115 ns，8288 才能输出命令，但 I/O 总线方式下 $\overline{\text{AEN}}$ 不起作用。

CEN：命令使能，高电平命令有效；低电平各命令无效。

CLK：时钟，通常由微型计算机的系统时钟提供。

ALE：地址锁存允许，高电平有效，下降沿锁存。

DEN：数据使能，高电平接通数据收发器。

DT/$\overline{\text{R}}$：数据发送/接收，高电平发送状态，低电平接收状态。

2.5　8086 的总线周期和操作时序

2.5.1　周期的概念及种类

微机系统的工作，必须严格按照一定的时间关系来进行，CPU 定时所用的周期有三种，即指令周期、总线周期和时钟周期。

1. 指令周期

一条指令从内存单元中取出到其所规定的操作执行完毕所用的时间，称为相应指令的指令周期。由于指令的类型、功能不同，因此，不同指令所要完成的操作也不同，相应地，其所需的时间也不相同。也就是说，指令周期的长度因指令的不同而不同。

2. 总线周期

CPU 通过总线与内存或 I/O 端口之间进行一个字节数据交换所进行的操作，称为一次总线操作，相应的某个总线操作的时间即为总线周期。虽然每条指令的功能不同，所需要进行的操作也不同，指令周期的长度也必不相同，但是我们可以对不同指令所需进行的操作进行分解，它们都是由一些基本的操作组合而成的。如存储器的读/写操作、I/O 端口的读/写操作、中断响应等，这些基本的操作都要通过系统总线实现对内存或 I/O 端口的访问。不同的指令所要完成的操作是由一系列的总线操作组合而成的，而总线操作的数量及排列顺序因指令的不同而不同。

3. 时钟周期

时钟周期是微机系统工作的最小时间单元，它取决于系统的主频率，系统完成任何操作所需要的时间均是时钟周期的整数倍。时钟周期又称为 T 状态。

时钟周期是基本定时脉冲两个沿之间的时间间隔，而基本定时脉冲是由外部振荡器产生的，通过 CPU 的 CLK 输入端输入。基本定时脉冲的频率，称为系统的主频率。例如 8088 CPU 的主频率是 5 MHz，其时钟周期为 200 ns。一个基本的总线周期由 4 个 T 状态组成，分别称为 T_1～T_4 状态，在每个 T 状态下，CPU 完成不同的动作。

2.5.2　总线周期

8086/8088 CPU 在与存储器或 I/O 端口交换数据时需要启动一个总线周期。按照数据的传送方向来分，总线周期可分为“读”总线周期(CPU 从存储器或 I/O 端口读取数据)和“写”总线周期(CPU 将数据写入存储器或 I/O 端口)。

8086/8088 CPU 基本的总线周期由 4 个时钟周期组成，典型的总线周期波形图如图 2.9 所示。

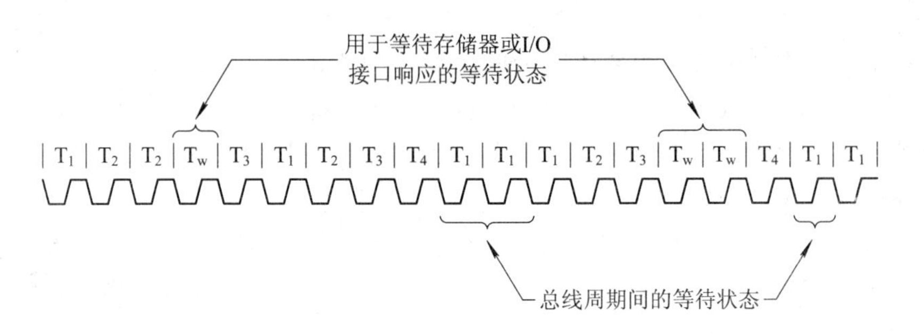

图 2.9　典型的总线周期波形图

各个状态对应的操作如下：

(1) T_1 状态：CPU 把要读/写的存储单元的地址或 I/O 端口的地址放到地址总线上。

(2) T_2 状态：缓冲周期，若是“读”总线周期，T_2 状态时总线浮空，允许 CPU 有个缓冲时间把输出地址的写方式转换成输入数据的读方式；若是“写”总线周期，由于输出地址和输出数据都是 CPU 的写周期因此不需要转变输入/输出方式，不需要缓冲时间。

(3) T_3～T_4 状态：CPU 与存储器或 I/O 端口之间的传输。考虑到 CPU 与慢速的存储器或 I/O 端口之间速度的配合，可插入若干附加的时钟功能，称为等待状态或等待时钟周期 T_W。

(4) 具有等待状态的总线周期：在 T_3 状态结束之前，CPU 测试 READY 信号线，如果为有效的高电平，则说明数据已准备好，可进入 T_4 状态；若 READY 为低电平，则说明数据没有准备好，CPU 在 T_3 之后插入 1 个或多个等待周期 T_W，直到检测到 READY 为有效高电平后，CPU 会自动脱离 T_W 而进入 T_4 状态。这种延长总线周期的措施允许系统使用低速的存储器芯片。

(5) 具有空闲状态的总线周期：如果在一个总线周期之后不立即执行下一个总线周期，即 CPU 此时执行的指令不需要对存储器或 I/O 端口进行访问，且目前指令队列为满，不需要到内存中读指令，那么系统总线就处于空闲状态，即执行空闲周期。空闲周期中可包括一个或多个时钟周期，这期间，在高 4 位的总线上，CPU 仍驱动前一个总线周期的状态信息；而在低 16 位的总线上，则根据前一个总线周期是读还是写周期来决定。若前一个周期为写周期，CPU 会在总线的低 16 位继续驱动数据信息；若前一个总线周期为读周期，CPU 则使总线的低 16 位处于浮空状态。在空闲周期，尽管 CPU 对总线进行空操作，但在 CPU 内部，仍然进行着有效的操作，如执行某个运算或在内部寄存器之间

传送数据等。

2.5.3　操作时序

1. 时序的定义

时序是计算机操作运行的时间顺序。

2. 研究时序的意义

研究时序的意义如下：

(1) 可以进一步了解在微机系统的工作过程中，CPU 各引脚上信号之间的相对时间关系。由于微处理器内部电路、部件的工作情况，用户是看不到的，但是通过检测 CPU 引脚信号线上各信号之间的相对时间关系，可以判断系统工作是否正常。

(2) 可以深入了解指令的执行过程。

(3) 可以使我们在进行程序设计时，选择合适的指令或指令序列，以尽量缩短程序代码的长度及程序的运行时间。因为实现相同的功能，可以采用不同的指令或指令序列，而这些指令或指令序列的字节数及执行时间有可能是不同的。

(4) 对于学习各功能部件与系统总线的连接及硬件系统的调试，都十分有意义。因为 CPU 与存储器、I/O 端口协调工作时，存在一个时序上的配合问题，只有掌握计算机工作时序，才能更好地处理微机用于过程控制及解决实时控制的问题。

3. 操作时序分析

8086 CPU 的主要操作包括内部操作和外部操作两种。内部操作都在 CPU 内部进行，用户可以不必关心。而外部操作是系统对 CPU 的控制动作或是 CPU 对系统的控制动作，为了正确设计使用系统，用户必须了解这些控制信号。

8086 CPU 主要的外部操作有：系统的复位和启动操作、总线操作、暂停操作、中断响应操作、总线保持或总线请求/允许操作。下面对几种基本操作时序进行分析。

1) 最小工作方式下的总线读/写操作时序

(1) 总线读操作时序。

时序如图 2.10 所示，一个最基本的读周期包含 4 个状态，即 T_1、T_2、T_3、T_4，必要时可插入 1 个或几个 T_W。

① T_1 状态。

· $M/\overline{IO}$ 有效，用来指出本次读周期是存储器读还是 I/O 读，它一直保持到 T_4 状态结束为止。

· 地址线信号有效，高 4 位通过地址/状态线送出，低 16 位 A_{15}～A_0 通过地址/数据线送出，用来指出操作对象的地址，即存储器单元地址或 I/O 端口地址。

· ALE 有效，地址信号通过地址锁存器 8282 锁存，ALE 即为 8282 的锁存信号，下降沿有效。

· $\overline{BHE}$ (对 8088 无用)有效，用来表示高 8 位数据总线上的信息有效，在 $\overline{BHE}$ 有效时，

通过 A_{15}～A_8 传送的是有效地址信息。$\overline{BHE}$ 常作为奇地址存储体的选通信号，因为奇地址存储体中的信息总是通过高 8 位数据线来传输，而偶地址存储体的选通信号则用 A_0。

· 当系统中配有总线驱动器时，T_1 使 $DT/\overline{R}$ 变低，用来表示本周期为读周期，并通知总线驱动器接收数据($DT/\overline{R} \xleftrightarrow{\text{接收}} T$)。

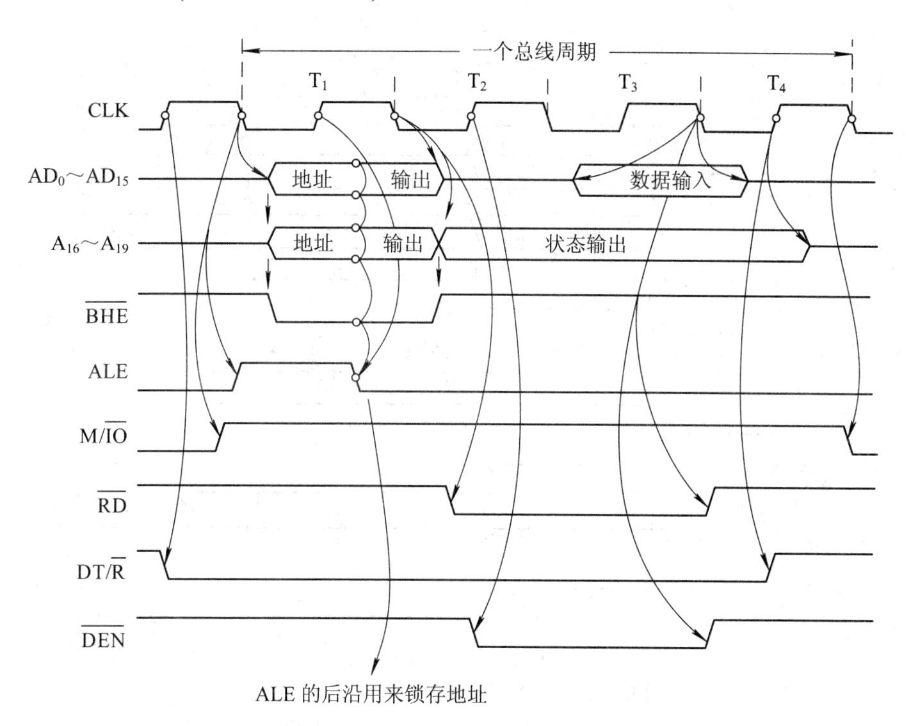

图 2.10　最小工作方式下总线读操作时序

② T_2 状态。

· 高四位地址/状态线送出状态信息，S_3～S_6。

· 低 16 位地址/数据线 A_0～A_{15} 为高阻状态，为下面传送数据准备。

· $\overline{BHE}$ /S_7 引脚成为 S_7 (无定义)。

· $\overline{RD}$ 有效，表示要对存储器或 I/O 端口进行读。

· $\overline{DEN}$ 有效，使得总线收发器(驱动器)可以传输数据($\overline{DEN} \xleftrightarrow{\text{接收}} \overline{OE}$)。

③ T_3 状态。

从存储器或 I/O 端口读出的数据送上数据总线(通过 A_0～A_{15})。

④ T_4 状态。

在 T_4 与 T_3(或 T_W)的交界处(下降沿)采集数据，使各控制线及状态线进入无效。

⑤ T_W 状态。

若存储器或外设速度较慢，不能及时送上数据的话，则通过 READY 信号通知 CPU，CPU 在 T_3 的前沿(即 T_2 结束的下降沿)检测 READY，若发现 READY = 0，则在 T_3 结束后自动插入 1 个或几个 T_W，并在每个 T_W 的前沿处检测 READY，等到 READY 变高后，则

自动脱离 T_W 进入 T_4。

(2) 总线写操作时序。

当 8086CPU 进行存储器或 I/O 接口写操作时，总线进入写周期，时序如图 2.11 所示，一个最基本的写周期包含 4 个状态，即 T_1、T_2、T_3、T_4，必要时可插入 1 个或几个 T_W。

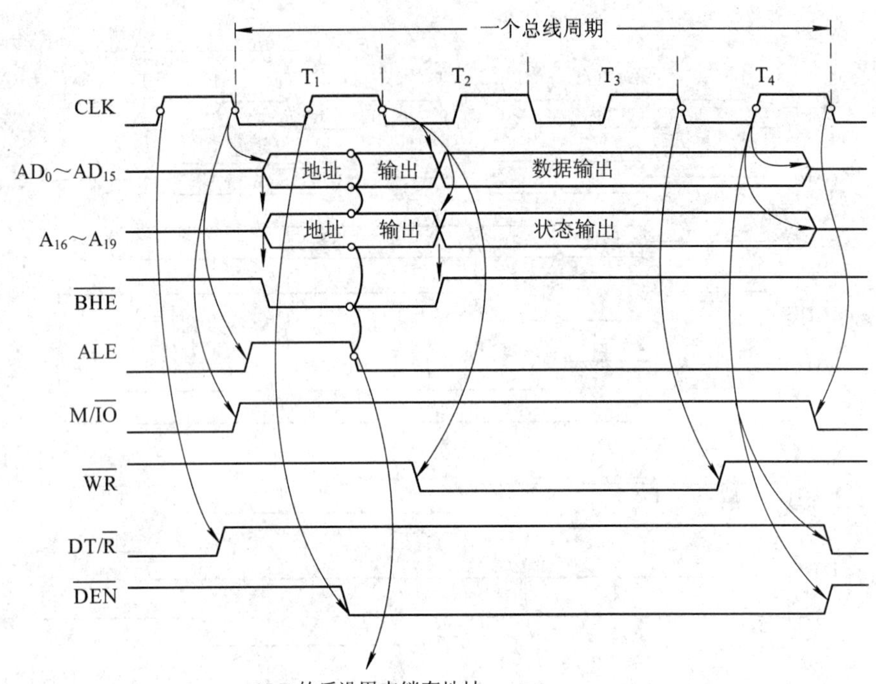

图 2.11　最小工作方式下的总线写操作时序

写操作时序与读操作时序相似，但有不同之处：

① A_{15}～A_0：在 T_2～T_4 期间送上欲输出的数据，而无高阻态。

② $\overline{WR}$：在 T_2～T_4 期间低电平有效，该信号送到所有的存储器和 I/O 接口。只有被地址信号选中的存储单元或 I/O 端口才会被 $\overline{WR}$ 信号写入数据。

③ 当系统中配有总线驱动器时，T_1 使 DT/$\overline{R}$ 变高，用来表示本周期为写周期，并通知总线驱动器发送数据(DT/$\overline{R}\xleftrightarrow{发送}$T)。

2) 最大工作方式下的总线读/写操作时序

最大工作方式下的总线读/写操作时序波形图如图 2.12 所示。

图中，AD_{16}/S_3～AD_{19}/S_6，AD_0～AD_{15}，$\overline{BHE}/S_7$ 的信号波形与最小工作方式相同。状态位 $\overline{S_2}$、$\overline{S_1}$、$\overline{S_0}$ 从前一个总线周期 T_4 开始，保持有效到状态 T_3，其余时间变为无效(全 1)状态。下面列出了与最小工作方式下总线周期的不同之处：

(1) 最小工作方式下 8282 锁存及 8286 收发器的控制信号、读/写控制信号、INTA 信号在最大工作方式下均由 8288 产生；

(2) 最小工作方式下的 M/$\overline{IO}$、$\overline{RD}$、$\overline{WR}$ 信号由读存储器命令 $\overline{MRDC}$、I/O 端口读命令 $\overline{IORC}$、超前写存储器命令 $\overline{AMWC}$、写 I/O 端口命令 $\overline{IOWC}$、超前写 I/O 端口命令 $\overline{AIOWC}$ 代替；

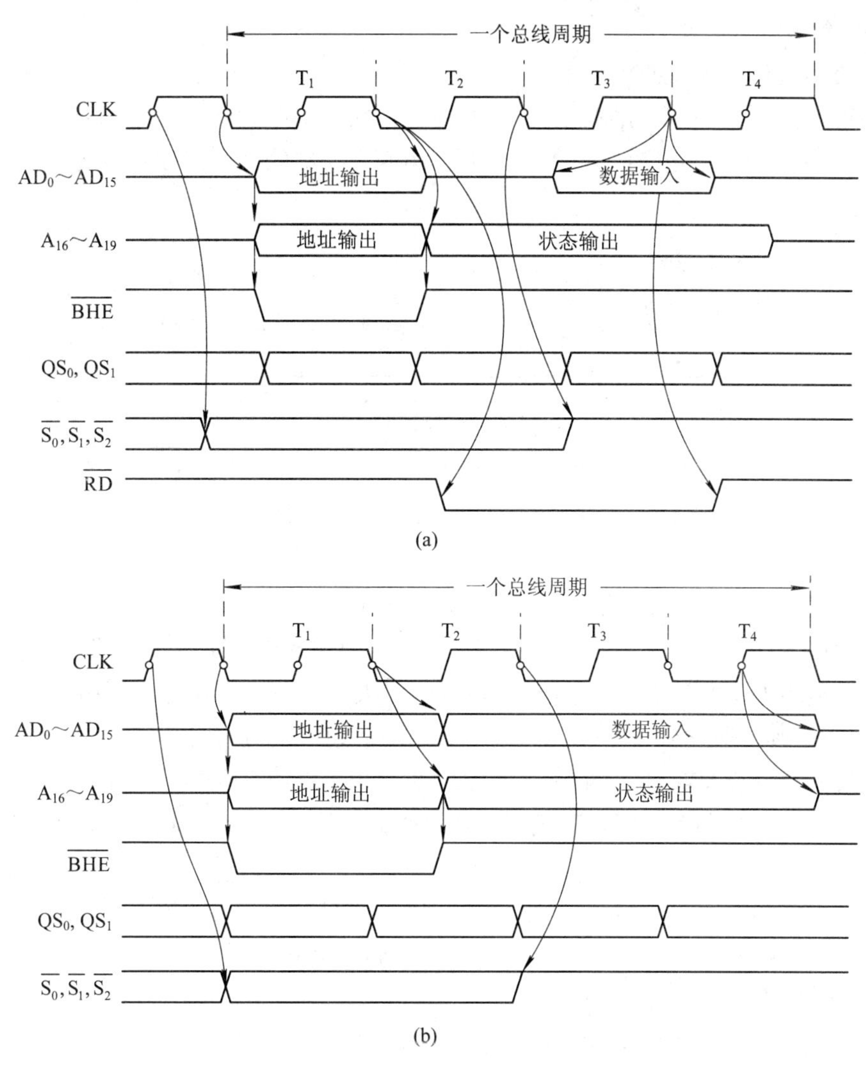

图 2.12　最大工作方式下的总线读/写操作周期波形图

(3) 8288 输出的数据允许信号 $\overline{DEN}$ 的极性与最小工作方式下 CPU 产生的 $\overline{DEN}$ 的极性相反，使用时经过反向器加到 8286 的 OE 端。8088 最大工作方式系统中，除了不使用 $\overline{BHE}$ 和 A_8～A_{15} 仅输出地址以及 A_0～A_7 为地址/数据复用外，其他同 8086，两者比较如图 2.13 所示。

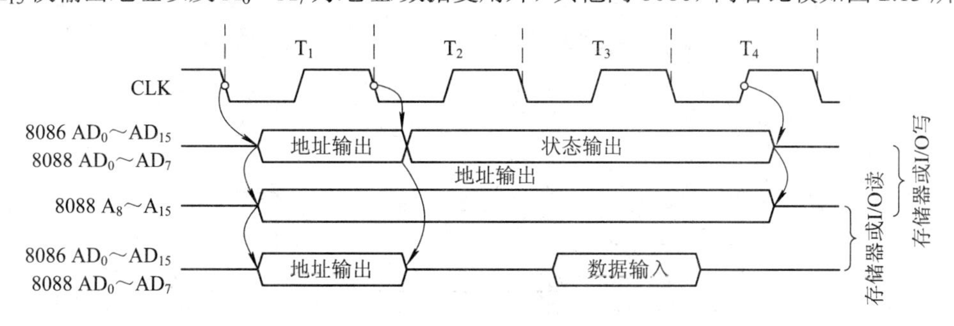

图 2.13　8086 与 8088 总线周期时序比较

3) 中断响应操作时序

(1) 最小工作方式下中断响应时序。

当 8086 CPU 的 INTR 引脚上出现高电平，且标志寄存器 IF=1 时，执行完当前指令后，CPU 响应中断，中断波形图如图 2.14 所示，由两个连续的总线周期所组成。

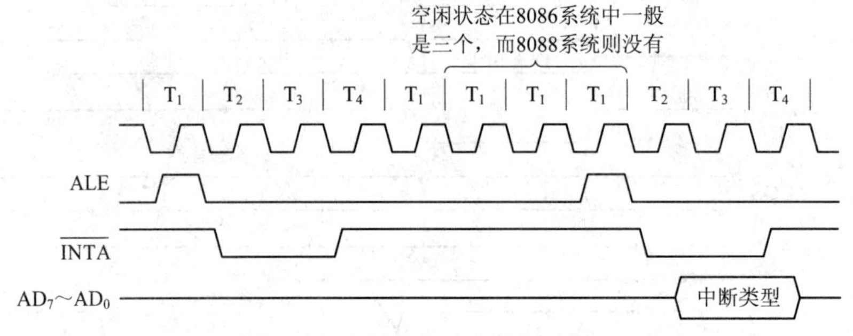

图 2.14 中断操作响应周期时序

说明：

① 要求 INTR 信号是一个高电平信号，并且维持两个 T，因为 CPU 在一条指令的最后一个 T 采样 INTR，进入中断响应后，它在第一个周期的 T_1 仍需采样 INTR。

② 在最小工作方式下，中断应答信号 $\overline{\text{INTA}}$ 来自 8086 的引脚；而在最大工作方式时，中断应答信号则是通过 $\overline{S_0}$ 、$\overline{S_1}$ 、$\overline{S_2}$ 的组合，由总线控制器产生。

③ 第一个总线周期通过 $\overline{\text{INTA}}$ 来通知外设，CPU 准备响应中断，第二个总线周期通过 $\overline{\text{INTA}}$ 通知外设送中断类型码，该类型码通过数据总线的低 8 位传送，来自中断源。CPU 据此转入中断服务子程序。

④ 在中断响应期间，M/$\overline{\text{IO}}$ 为低电平，数据/地址线浮空，$\overline{\text{BHE}}$/S_7 数据/状态线浮空。在两个中断响应周期之间可安排 2～3 个空闲周期(8086)或没有(8088)。

(2) 最大工作方式下中断响应时序。

在最大工作方式系统中，$\overline{\text{INTA}}$ 信号由 8288 输出。在中断操作响应周期中，除了从第一个总线周期的 T_2 到第二个总线周期的 T_2 在 $\overline{\text{LOCK}}$ 引脚上输出低电平外，其他时序波形均与最小工作方式系统相同。

4) 总线保持与响应时序

最小工作方式和最大工作方式下总线的保持/响应时序图分别如图 2.15 和图 2.16 所示。

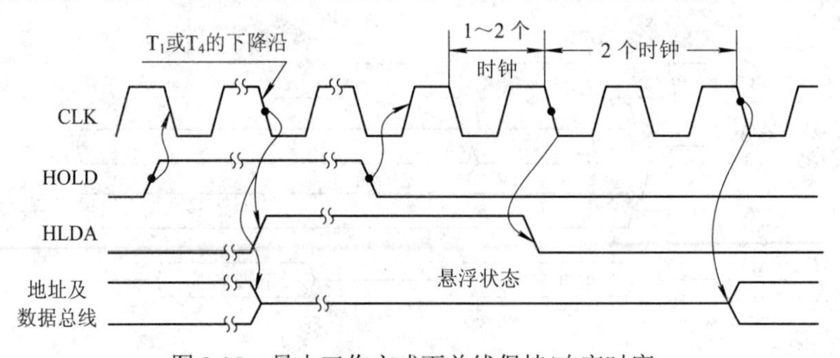

图 2.15 最小工作方式下总线保持/响应时序

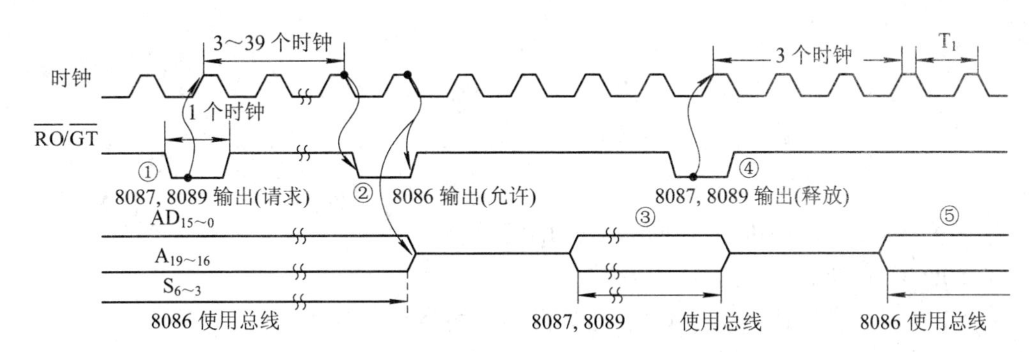

图 2.16　最大工作方式下总线请求/允许时序

最小工作方式：当前系统中有其他的总线主设备请求总线时，向 8086CPU 发出请求信号 HOLD，CPU 接收到 HOLD 有效信息后，在当前总线周期的 T_4 或下一个总线周期的 T_1 的下降沿，输出并保持响应信号 HLDA，紧接着从下一个时钟开始，8086 CPU 让出总线控制权。当外设的 DMA 传送结束时，使 HOLD 信号变低，在下一个信号时钟下降沿时 HLDA 信号无效(低电平)，如图 2.15 所示。

最大工作方式与最小工作方式的不同之处如下：

(1) 该时序是通过 $\overline{RQ}/\overline{GT_0}$ 或 $\overline{RQ}/\overline{GT_1}$ 引脚来控制的。

(2) 最大工作方式下总线请求由其他 CPU 发出，而最小工作方式下总线请求由系统主控者(如 DMAC-DMA 控制器)发出。

5) 系统复位时序

8086/8088 的复位和启动操作，是通过 RESET 引脚上的触发信号来执行的。当 RESET 引脚上有高电平时，CPU 就结束当前操作，进入初始化(复位)过程，包括把各内部寄存器(除 CS)清 0，标志寄存器清 0，指令队列清 0，将 FFFFH 送入 CS。重新启动后，系统从 FFFF0H 开始执行指令。重新启动的动作是当 RESET 从高到低跳变时触发 CPU 内部的一个复位逻辑电路，经过 7 个 T 状态，CPU 即可自动启动。

要注意的是，由于在复位操作时，标志寄存器被清 0，因此其中的中断标志 IF 也被清 0，这样就阻止了所有的可屏蔽中断请求，使得中断都不能响应，即复位以后必须用开中断指令来重新设置 IF 标志。复位操作的时序图如图 2.17 所示。

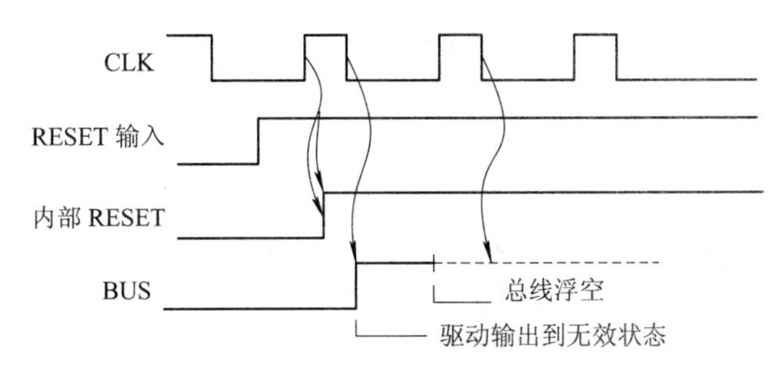

图 2.17　复位操作的时序图

习　　题

1. 8086 CPU 由哪两个单元构成？每个单元有哪些主要组成部分？

2. 8086 CPU 的总线接口部件有哪些功能？

3. 8086 CPU 执行部件有什么功能？

4. 8086 标志寄存器设置了哪些标志？分为哪两类？各类标志的作用是什么？

5. 8086 CPU 为什么要设置段寄存器？设置了哪些段寄存器？

6. 8086 段寄存器 CS = 1200H，指令指针寄存器 IP = 0FF00H，此时指令的物理地址是多少？指向这一物理地址的 CS 值和 IP 值是唯一的吗？

7. 8086 CPU 启动时有哪些特征？如何寻找 8086 系统的启动程序？

8. 8086 的存储器空间最大为多少？怎样用 16 位寄存器实现对 20 位地址的寻址？

9. 简述 8086 CPU 控制信号 $\overline{RD}$ 、 $\overline{WR}$ 、M/$\overline{IO}$ 、ALE 的功能。

10. 8086 系统为什么需要地址锁存？需锁存哪些地址信息？

11. 8086 是怎样解决地址总线和数据总线的分时复用问题的？ALE 信号何时处于有效电平？

12. 什么是时钟周期？什么是总线周期？什么是指令周期？

13. 8086 的基本总线周期由几个时钟组成，如果 CPU 的时钟频率为 8 MHz，那么它的时钟周期为多少？一个基本总线周期为多少？

14. 在总线周期中，什么情况下需要插入等待状态？在什么地方插入？

15. 最小工作方式中总线读周期和总线写周期的区别是什么？

16. 画出 8086 最小工作方式时的总线读周期时序。

17. 8086 在最小工作方式下，总线保持过程是怎样产生和结束的？

18. 8086 的内部结构由哪些单元构成？寄存器组有哪几类寄存器？

第 3 章　指令系统及汇编语言

计算机是通过执行指令来完成各种工作的，不同类型的计算机所具有的指令系统是不同的，本章主要介绍微型计算机 8086 的寻址方式和指令系统以及汇编基础。

3.1　概　　述

3.1.1　指令及指令系统概念

计算机系统由硬件和软件两部分组成，计算机硬件必须配置相应软件才能进行工作。软件存储在存储器中，硬件系统完全按照存储器中的软件进行工作，计算机的工作过程就是执行软件的过程。不论是系统软件还是应用软件，都是由计算机硬件所能识别的指令组成的程序。

(1) 指令：是指要求计算机执行特定操作的命令，通常一条指令对应一种特定操作。指令的执行是在计算机的 CPU 中完成的，每条指令规定的运算及基本操作都是简单的、基本的，它和计算机硬件所具备的能力相对应。

(2) 指令系统：计算机所能执行的全部指令的集合组成该计算机的指令系统。不同类型的计算机具有不同的指令系统。

3.1.2　机器指令和汇编指令格式

1. 机器指令

计算机编程语言有机器语言、汇编语言及高级语言等。机器语言与计算机的核心 CPU 相对应，不同类型的计算机有其独特的机器语言指令系统；汇编语言仅是机器语言的一种英文助记符表示形式，也与相应的计算机系统相对应；高级语言则脱离了具体的计算机，具有通用性。

计算机只能识别二进制代码，因此计算机能执行的指令必须以二进制代码的形式表示，这种以二进制代码形式表示的指令称为指令的机器码。使用汇编语言编写的程序若要在计算机上执行，必须由机器提供的“汇编程序”将它翻译成由机器指令组成的机器语言程序，才能被计算机识别并执行。

2. 汇编指令格式

计算机是通过执行指令来处理数据的，为了指出数据的来源、操作结果的去向及所执行的操作，一条指令一般包含操作码和操作数两部分。操作码是指令的重要组成部分，用来表示该指令所要完成的操作，不同的指令用不同的操作码表示；操作数用来描述指令的操作对象，操作数可以是立即数、寄存器和存储器，不同的指令可以有 1 个、2 个、3 个或无操作数，根据操作数个数的不同，指令格式分为以下几种。

1) 零操作数指令

格式：操作码

指令中只有操作码，没有操作数，也称为无操作数指令。这种指令在两种情况下使用：一是指令中不需要任何操作数，如空操作指令、停机指令等；二是指令的操作数是默认的，如加法的 ASCII 码调整指令、十进制调整指令等。

2) 一操作数指令

格式：操作码 A

其中，A 为存储器地址或寄存器名。指令中只给出一个地址，该地址既是操作数的地址，又是操作结果的存储地址，如增量、减量指令等。

3) 二操作数指令

格式：操作码 A1，A2

这是最常见的指令格式。A1、A2 指出两个源操作数的地址，其中一个还是存放结果的目的地址。对两个操作数完成所规定的操作后，将结果存入目的地址。

4) 多操作数指令

在某些性能较好的大、中型甚至高档微小型计算机中，往往设置一些功能很强的、用于处理成批数据的指令。为了描述一批数据，指令中需要多个操作数来表示数据存放的首地址、长度和下标等信息。

3.2 寻 址 方 式

计算机通过执行指令进行数据处理，但参与处理的数据并不都是直接出现在指令中，大多数时候都是存放在存储器和外部设备中。所谓指令的寻址方式就是指令中操作数的表示方式。由于程序编写的需要，大多数情况下指令中并不直接给出操作数的数值，而是给出操作数存放的地址，并且许多情况下操作数的地址也不直接给出，而是给出计算操作数地址的方法。计算机执行程序时，根据指令给出的寻址方式，计算出操作数的地址，然后从该地址中取出数据处理，处理后再把处理结果送入某操作数地址中去。一般来说，计算机的寻址方式越丰富，指令系统的功能就越强，工作的灵活性就越大。

8086 的寻址方式有立即寻址、直接寻址、寄存器寻址、寄存器间接寻址、寄存器相对寻址、基址变址寻址、相对基址变址寻址和隐含寻址。

1. 立即寻址

立即寻址方式，其操作数直接存放在指令中，紧跟在操作码之后，操作数作为指令的一部分存放在代码段里，这种操作数称为立即数。立即数可以是 8 位的或者 16 位的，若是 16 位数，则高位字节存放在高地址中，低位字节存放在低地址中。立即寻址方式常用于为寄存器赋初值，但只能用作源操作数，不能用作目的操作数，SRC(源操作数)和 DST(目的操作数)的字长一致。

例 3.1　MOV AX, 0102H　　　　;AX←0102H

2. 直接寻址

直接寻址方式指令，操作数在存储器中，指令中提供操作数的 16 位偏移地址 EA，紧跟在指令操作码之后。由于操作数一般存放在数据段中，所以必须先计算出操作数的物理地址，再访问存储器才能取得数据。

例 3.2　MOV AX, [3100H]

直接导址方式下取出操作数如图 3.1 所示。

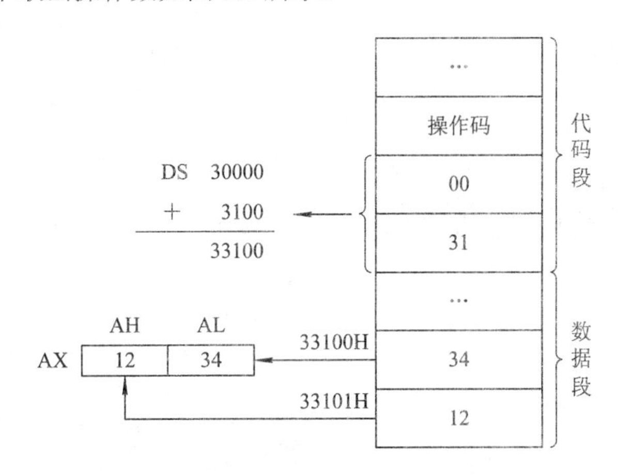

图 3.1　直接寻址方式下取出操作数

3. 寄存器寻址

寄存器寻址的指令操作数在寄存器中，即寄存器的内容就是操作数的数值。由于这种寻址方式的操作数就在寄存器中，不需访问存储器即可取得操作数，因而速度快。可使用的寄存器有通用寄存器和段寄存器，寄存器可存储源操作数或目的操作数。

例 3.3　MOV　AX, BX　　　　; 将 BX 中的内容送入 AX 中，BX 中的内容保持不变

　　　　MOV　SI, DI　　　　; 将 DI 中的内容送入 SI 中，DI 中的内容保持不变

寄存器寻址常用来存放运算对象、中间结果、运算结果、计数值等。为避免指令执行时间过长，双操作数指令一般有一个操作数使用寄存器寻址。

4. 寄存器间接寻址

寄存器间接寻址方式，操作数存放在存储器中，但操作数的有效地址 EA 在基址寄存器 BX、BP 或变址寄存器 SI、DI 中。操作数的物理地址为

$$物理地址 = 16 \times (段寄存器) + (寄存器)$$

如果寄存器是 BX、SI、DI 则段寄存器用 DS；如果寄存器是 BP，则段寄存器用 SS。

例 3.4　假定(DS) = 2000H，(SI) = 3600H，(23600H) = 6022H

```
MOV   AX, [SI]
```

将 DS 中的值左移 4 位，然后与 SI 中的值相加，形成物理地址是 23600H，再将该物理地址中的数据 6022H 送入 AX 寄存器中。

5. 寄存器相对寻址

寄存器相对寻址方式，操作数的有效地址 EA 由一个基址或变址寄存器的内容和指令中给出的 8 位或 16 位的位移量相加得到，即

$$物理地址 = 16 \times (段寄存器) + (寄存器) + 位移量$$

例 3.5　寄存器相对寻址，假定(DS) = 2000H，(SS) = 3000H，(SI) = 3600H，(BP) = 1100H，COUNT = 10H，(23620H) = 8A76H，(31110H) = 4567H

```
MOV   AX, [SI+20H]
```

2000H × 10H + 3600H + 20H = 23620H

该指令意为将从 23620H 开始的物理地址中的数据 8A76H 送入 AX 寄存器中。

6. 基址变址寻址

基址变址寻址操作数的有效地址为基址寄存器(BX 或 BP)和变址寄存器(SI 或 DI)的内容之和，即

$$物理地址 = 16 \times (段寄存器) + (基址寄存器) + (变址寄存器)$$

例 3.6　MOV　AX, [BX][DI]

或

```
MOV   AX, [BX+DI]
```

假定(DS) = 2100H，(BX) = 0158H，(DI) = 10A5H，则

$$EA = 0158H + 10A5H = 11FDH$$

物理地址为

$$PA = 21000H + 11FDH = 221FDH$$

7. 相对基址变址寻址

相对基址变址寻址操作数的有效地址为基址寄存器(BX 或 BP)和变址寄存器(SI 或 DI)的内容及 8 位或 16 位位移量之和，即

$$物理地址 = 16 \times (段寄存器) + (基址寄存器) + (变址寄存器) + 位移量$$

例 3.7　如图 3.2 所示，BX 和 SI 分别为基址寄存器和变址寄存器，图中所示物理地址为基址寄存器、变址寄存器与 8 位偏移地址之和。

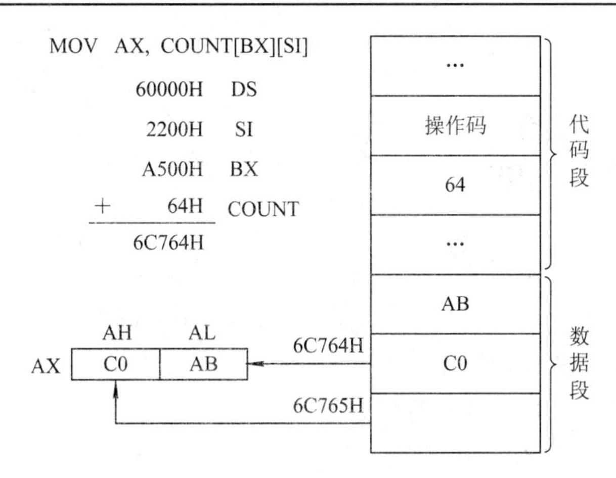

图 3.2　相对基址变址寻址方式下取出操作数

8. 隐含寻址

隐含寻址是将操作数的地址隐含在指令操作码中的寻址方式。

例 3.8　MUL　BL　　　；该指令意为 BL 乘 AL，结果存放在 AX 中

3.3　转移地址的寻址方式

转移地址寻址用于说明程序转移的目标地址。当 CPU 执行转移、调用、中断等指令时，程序执行指令的顺序将不再是顺序执行，而是发生跳转，转移地址寻址方式就是告诉 CPU 转移目标地址的计算方法，CPU 再更改内部寄存器 IP 或者 IP 与 CS 的值，从而实现程序的跳转。

1. 段内相对寻址

段内相对寻址是指指令中直接给出转移目标地址，而形成的指令机器码中给出的是该目标地址与当前 IP 值的相对地址位移量(带符号数，补码表示)。即

转移地址 = CS + IP + 偏移量

2. 段内间接寻址

段内间接寻址是指转移的有效地址 EA 是一个寄存器或一个存储器单元的内容，其内容可用寄存器寻址、寄存器间接寻址、寄存器相对寻址、基址变址寻址、相对基址变址寻址等寻址方式获得，用所取得的内容取代 IP 寄存器的原有内容。该寻址方式只能用于段内无条件转移。

指令的汇编语言格式表示为

JMP CX

3. 段间直接寻址

段间直接寻址方式在指令中直接给出了转移到的段地址和偏移地址，第一个地址为偏

移地址，第二个地址为段地址，这两个地址都是 16 位的地址，用于取代 IP 和 CS，从而实现段间转移。

指令的汇编语言格式表示为

JMP FAR PTR ADD1

4. 段间间接寻址

段间间接该寻址方式用存储器中的两个连续字单元的内容作为转移到的偏移地址和段地址，来取代 IP 和 CS 寄存器中的原有内容，从而达到段间转移的目的。这里存储器单元内容的取得，可以采用寄存器寻址、寄存器间接寻址、寄存器相对寻址、基址变址寻址、相对基址变址寻址中的任何一种。指令的汇编语言格式表示为

JMP DWORD PTR [BP] [DI]

3.4 8086 指令系统

8086 汇编语言指令丰富、格式灵活，能处理多种类型的数据，具有较强的寻址能力。8086 的指令系统从功能上可以分为数据传送指令、算术运算指令、逻辑指令、串处理指令、程序控制指令及处理机控制指令六大类，下面分别加以说明。

3.4.1 数据传送指令

数据传送指令是程序中使用最多的一类指令，在程序中占据很大的比例，该类指令负责把数据、地址或立即数传送到寄存器或存储器单元中。数据传送指令又分为四小类：通用数据传送指令、累加器专用传送指令、地址传送指令、标志寄存器传送指令。

1. 通用数据传送指令

通用数据传送指令包括最基本的传送指令 MOV、入栈指令 PUSH、出栈指令 POP 以及交换指令 XCHG。

特别需要说明的是：

- 两操作数字长必须相同；
- 两操作数不允许同时为存储器操作数；
- 两操作数不允许同时为段寄存器；
- 源操作数是立即数时，目标操作数不能是段寄存器；
- IP 和 CS 不作为目标操作数，FLAGS 一般也不作为操作数在指令中出现。

1) 最基本的传送指令 MOV

指令格式：MOV 目的操作数，源操作数

指令功能：将源操作数内容传送到目的操作数，源操作数内容不变。源操作数可以是寄存器、存储器及立即数；目的操作数可以是寄存器和存储器。

注意事项：

(1) 两个操作数的数据类型要相同，要同为 8 位、16 位或 32 位；如 MOV　BL, AX 等是不正确的。

(2) 两个操作数不能同时为段寄存器，如 MOV　ES, DS 等是不正确的。

(3) 代码段寄存器 CS 不能为目的操作数，但可作为源操作数，如指令 MOV　CS, AX 等不正确，但指令 MOV　AX, CS 等是正确的。

(4) 立即数不能直接传给段寄存器，如 MOV　DS, 100H 等不正确。

(5) 立即数不能作为目的操作数，如 MOV　100H, AX 等不正确。

(6) 指令指针 IP 不能作为 MOV 指令的操作数。

(7) 两个操作数不能同时为存储单元，如 MOV　VARA，VARB 等不正确(其中 VARA 和 VARB 是同数据类型的内存变量)。

2) 交换指令 XCHG

指令格式：XCHG　目的操作数，源操作数

指令功能：把一个字节或一个字的源操作数与目的操作数相交换，可实现通用寄存器之间、通用寄存器和存储器之间的交换。

例如：

```
XCHG   AL, BL
XCHG   BX, SI
XCHG   [BP][DI], AX
```

若(AL) = 8AH，(BL) = A8H，则执行 XCHG　AL, BL 指令后，(AL) = A8H，(BL) = 8AH。

注意事项：

(1) 存储器之间不可交换。

(2) 段寄存器不能作为操作数。

3) 堆栈操作指令 PUSH、POP

指令格式：

```
PUSH   源操作数
POP    源操作数
```

指令功能：把一个字的源操作数压入或弹出堆栈。

注意事项：

(1) 入栈操作是先改变指针 SP 再入栈；出栈操作是先出栈再改变指针 SP。

(2) 入栈是 SP 逐渐靠近基地址的过程，SP 始终指向最后入栈的地址单元；出栈是 SP 逐渐远离基地址的过程，SP 始终指向即将出栈的地址单元。

(3) 对栈操作时低字节放在低地址单元，高字节放在高地址单元。

(4) 堆栈操作符合后进先出(或先进后出)的原则。

(5) 堆栈位置由 SS 决定，堆栈容量由 SP 决定，堆栈容量即为 SP 的初值与 SS 之间的距离，8086 的堆栈容量为 64 KB。

(6) 堆栈指令只能对字操作而不能对字节操作，如：

```
PUSH    BL    (错)
POP     DH    (错)
PUSH    SI    (对)
POP     ES    (对)
```

(7) 堆栈指令的操作数可以是寄存器和存储器，但 CS 只能作为源操作数入栈，而不能作为目的操作数，即不能从堆栈中弹出一个值到 CS 寄存器中。

2. 累加器专用传送指令

8086 和其他微处理器一样，将累加器作为数据传送的核心。在 8086 指令系统中，有两类指令是专门通过累加器来执行的，即输入/输出指令和换码指令。

1) 输入指令 IN

指令格式：IN　累加器，端口地址

指令功能：IN 指令是从 I/O 端口读入信息到累加器。

2) 输出指令 OUT

指令格式：OUT 端口地址，累加器

指令功能：OUT 指令是从累加器中输出信息到 I/O 端口。

指令用途：所有 I/O 端口与 CPU 之间的通信都由 IN 和 OUT 指令来完成。

注意事项：

(1) 累加器可以是 16 位的 AX 或 8 位的 AL。

(2) 分为直接输入/输出指令和间接输入/输出指令。直接输入/输出指令在指令中直接指定端口号，寻址范围为 0～255，共 256 个端口；间接输入/输出指令是先把端口号放到 DX 寄存器中，即在指令中用 DX 代替端口号，寻址范围为 0～65 535 共 65 536 个端口。

例 3.9　指令功能注释：

```
IN AX，70H         ；将 70H、71H 两个端口的值读入到 AX
IN AX，DX          ；将 DX、DX+1 所指两个端口的一个字读入到 AX
OUT 70H，AL        ；将 AL 中的一个字节输出到 70H 端口
OUT DX，AL         ；将 AL 中的一个字节输出到 DX 所指的端口
```

例 3.10　若(90H) = 12H，(91H) = 34H，执行下面指令：

```
IN AX，90H
```

则执行后，(AX) = 3412H

3. 地址传送指令

地址传送指令完成把地址传送到指定寄存器的功能，地址传送指令处理的是变量的地址，而不是变量的值或变量的内容。

1) 取有效地址指令 LEA

指令格式：LEA　目的操作数，源操作数

指令功能：将源操作数的有效地址送到目的操作数中。

注意事项：源操作数必为内存单元地址或符号地址，目的操作数必为一个 16 位的通用寄存器。

例 3.11　若(BX) = 1200H，(SI) = 0300H，执行下面指令：

```
LEA   DI, [BX+SI+0100H]
```

则执行后，(DI) = 1600H

2) 地址指针送寄存器和 DS 指令 LDS

指令格式：LDS　目的操作数，源操作数

指令功能：将源操作数指定的 4 个字节的地址指针传送到指令指定的寄存器及 DS 寄存器中。

操作过程：源操作数指定的寄存器→SI

源操作数 + 2→DS

例 3.12　若(DS) = 2000H，(20060H) = 3000H，(20062H) = 4000H，执行下面指令：

```
LDS SI, [60H]
```

则执行后，(SI) = 3000H，(DS) = 4000H。

3) 地址指针送寄存器和 ES 指令 LES

指令格式：LES　目的操作数，源操作数

指令功能：将源操作数指定的 4 个字节的地址指针传送到指令指定的寄存器及 ES 寄存器中。

操作过程：源操作数指定的寄存器→DI

源操作数+2→ES

4．标志寄存器传送指令

在程序执行过程中，有时需要对标志寄存器的内容进行保护、恢复或判断，这就需要存取处理机的状态标志。

1) 标志寄存器送 AH 指令 LAHF

指令格式：LAHF

指令功能：将标志寄存器的低 8 位传送到 AH 中。传送后，AH 寄存器的 D_1、D_3、D_5 位没有意义。

2) AH 送标志寄存器指令 SAHF

指令格式：SAHF

指令功能：将 AH 的内容赋给标志寄存器的低 8 位。

3) 标志寄存器进栈指令 PUSHF

指令格式：PUSHF

指令功能：将标志寄存器的值推入堆栈顶部，但标志寄存器的值不变，且使栈指针 SP 的值减 2。

注意事项：PUSHF 一般用在子程序和中断处理程序之首，用来保存主程序标志。

4) 标志寄存器出栈指令 POPF

指令格式：POPF

指令功能：从堆栈中弹出一个字到标志寄存器，即标志寄存器的值改变，且使栈指针 SP 的值加 2。

注意事项：POPF 一般用在子程序和中断处理程序之尾，用来恢复主程序标志。

3.4.2 算术运算指令

算术运算指令是反映 CPU 计算能力的一组指令，也是编程时经常使用的一组指令，它包括加、减、乘、除及其相关的辅助指令。该组指令的操作数可以是 8 位、16 位和 32 位，该类指令的操作数的寻址方式可以是任意一种存储单元寻址方式。

1．加法指令

1) 不带进位加法指令 ADD

指令格式：ADD　目的操作数，源操作数

指令功能：源操作数内容 + 目的操作数内容→目的操作数。

注意事项：

(1) 目的操作数和源操作数的搭配规则与 MOV 指令相同。

(2) 对 6 个状态标志均有影响。

例 3.13　若(AL) = 8EH，(BL) = 0D6H，执行下面指令：

```
ADD   AL, BL
```

则执行后，(AL) = 64H，且 CF = 1、AF = 1、ZF = 0、SF = 0、PF = 0、OF = 1。

2) 带进位加法指令 ADC

指令格式：ADC　目的操作数，源操作数

指令功能：源操作数内容 + 目的操作数内容 + CF 内容→目的操作数。

注意事项：这条指令一般用在多字节加法中，从第二字节以后的加法使用本条指令。

例 3.14　若(AL) = 0C8H，(BL) = 5FH，CF = 1，执行下面指令：

```
ADC   AL，BL
```

则执行后，(AL) = 28H，且 CF = 1、AF = 1、ZF = 0、SF = 0、PF = 1、OF = 0。

例 3.15　若有 2 个 4 字节的数，分别存放在自 FIRST 和 SECOND 开始的存储区中，存放时高字节在高地址中，低字节在低地址中，实现这两个数相加，并将结果保存在 THIRD 中。程序段如下：

```
MOV    AX, FIRST
ADD    AX, SECOND
MOV    THIRD, AX
MOV    AX, FIRST + 2
```

```
ADC     AX, SECOND +2
MOV     THIRD +2, AX
```

例 3.16　两个四字节无符号数相加。它们分别放在 2000H 和 3000H 开始的存储单元中，低位在前，高位在后，要求将运算后得到的和放在 4000H 开始的内存单元中。程序段如下：

```
MOV   AX, [2000H]
ADD   AX, [3000H]
MOV   [4000H], AX
MOV   AX, [2002H]
ADC   AX, [3002H]
MOV   [4002H], AX
```

3) 加 1 指令 INC

指令格式：INC 操作数

指令功能：操作数内容+1→操作数。其中，操作数可以是寄存器和存储器。

注意事项：

(1) INC 指令不影响 CF 标志。

(2) INC 指令主要用于修改地址指针和循环中的计数次数。

例 3.17　若(CX) = 6789H，执行下面指令：

```
INC   CX
```

则执行后，(CX) = 678AH。

2．减法指令

1) 不带借位减法指令 SUB

指令格式：SUB　目的操作数，源操作数

指令功能：目的操作数内容−源操作数内容→目的操作数。

注意事项：

(1) 目的操作数和源操作数的搭配规则与 MOV 指令相同。

(2) 对 6 个状态标志均有影响。

例 3.18　若(AL) = 7CH，(BL) = 0E5H，执行下面指令：

```
SUB   AL BL
```

则执行后，(AL) = 97H，且 CF = 1、AF = 0、ZF = 0、SF = 1、PF = 0、0F = 1。

2) 带借位减法指令 SBB

指令格式：SBB　目的操作数，源操作数

指令功能：目的操作数内容 − 源操作数内容 − CF 内容→目的操作数。

注意事项：这条指令一般用在多字节减法中，从第二字节以后的减法使用本条指令。

例 3.19　有 2 个 4 字节的数，分别存放在数据段中偏移地址为 1000H 与 2000H 开始的存储单元中，存放时高字节在高地址中，低字节在低地址中，实现这两个数相减，并将结果保存在 3000H 开始的单元中。程序段如下：

```
    MOV   AX, [1000H]
    SUB   AX, [2000H]
    MOV   [3000H], AX
    MOV   AX, [1002H]
    SBB   AX, [2002H]
    MOV   [3002H], AX
```

3) 减 1 指令 DEC

指令格式：DEC 操作数

指令功能：操作数内容 – 1→操作数。其中，操作数可以是寄存器和存储器。

注意事项：

(1) DEC 指令不影响 CF 标志。

(2) DEC 指令主要用于修改地址指针和循环中的计数次数。

例 3.20　试编写一条延时程序。

解　程序段如下：

```
        MOV   BL, 2
NEXT1: MOV   CX, 0FFFFH
NEXT2: DEC   CX
        JNZ   NEXT2          ; ZF = 0 转 NEXT2
        DEC   BL
        JNZ   NEXT1          ; ZF = 0 转 NEXT1
        HLT                  ; 暂停执行
```

4) 求补指令 NEG

指令格式：NEG 操作数

指令功能：将操作数按位取反再加 1。

注意事项：

(1) NEG 指令影响标志位 CF、AF、ZF、SF、PF、OF。

(2) 如果操作数的值为 –128 或 –32 768，则执行 NEG 指令后，结果不变，但使 OF 置 1。

(3) NEG 指令通常使 CF 为 1，只有当操作数为 0 时，才使 CF 为 0。

5) 比较指令 CMP

指令格式：CMP　目的操作数，源操作数

指令功能：目的操作数内容–源操作数内容，但结果不回送，只是使结果影响标志位，用于比较两数大小。

注意事项：

(1) 通过 ZF 标志来判断两数是否相等。若 ZF = 1 则相等；ZF = 0 则不等。

(2) 对于无符号数，通过 CF 标志来判断两数大小。若 CF = 0 则被减数大于减数；若 CF = 1，则被减数小于减数。

(3) 对于有符号数，通过 OF 和 SF 两个标志来判断两数的大小。若 OF 和 SF 状态相同，则被减数大于减数；若 OF 和 SF 状态不同，则被减数小于减数。

例 3.21　内存数据段中以 DATA 开始的存储单元中分别存放了两个 8 位无符号数，试比较它们的大小，并将大者送到 MAX 单元。程序段如下：

```
        LEA   BX, DATA
        MOV   AL, [BX]
        INC   BX
        CMP   AL, [BX]
        JNC   P1
        MOV   AL, [BX]
P1:     MOV   MAX, AL
        HLT
```

例 3.22　内存数据段中以 DATA 开始的存储单元中分别存放了 8 个 8 位无符号数，试比较它们的大小，并将大者送到 MAX 单元。程序段如下：

```
           LEA   BX, DATA
           MOV   AL, [BX]
           MOV   CX, 7
           INC   BX
AGAIN:     CMP   AL, [BX]
           JNC   P1
           MOV   AL, [BX]
P1:        INC   BX
           DEC   CX
           JNZ   AGAIN
           MOV   MAX, AL
           HLT
```

3．乘法指令

乘法指令包括无符号数乘法指令 MUL 和带符号数乘法指令 IMUL。乘法指令中，有一个操作数总是放在 AL(8 位)或 AX(16 位)中，乘的结果总是放在 AX(8 位)或 DX、AX(16 位)中，其中 DX 存放高位字，AX 存放低位字。

1) *无符号数乘法指令 MUL*

指令格式：MUL　源操作数

指令功能：字节操作数为(AL) × 源操作数内容→(AX)；

　　　　　字操作数为(AX)×源操作数内容→(DX、AX)。

注意事项：

(1) MUL 指令影响 CF、OF 标志，而对 AF、PF、SF、ZF 是不确定的，因此这 4 个标志位无意义。

(2) 如果乘积的高一半为 0，即字节操作的 AH 或字操作的 AX 为 0，则 CF、OF 均为 0；否则 CF、OF 均为 1。

2) 带符号数乘法指令 IMUL

指令格式：IMUL　源操作数

指令功能：字节操作数为(AL)×源操作数内容→(AX)；

字操作数为(AX)×源操作数内容→(DX、AX)。

注意事项：

(1) IMUL 指令影响 CF、OF 标志，而对 AF、PF、SF、ZF 是不确定的，因此这 4 个标志位无意义。

(2) 如果乘积的高一半是低一半的符号扩展，则 CF、OF 均为 0；否则 CF、OF 均为 1。

4．除法指令

除法指令包括无符号数除法指令 DIV 和带符号数除法指令 IDIV 以及符号扩展指令 CBW 和 CWD。

1) 无符号数除法指令 DIV

指令格式：DIV 源操作数

指令功能：字节操作数：AL←(AX) / 源操作数的商；

AH←(AX) / 源操作数的余数。

字操作数：AX←(DX, AX) / 源操作数的商；

DX←(DX, AX) / 源操作数的余数。

注意事项：

(1) DIV 指令要求除数只能是被除数的一半字长。当被除数为 16 位时，除数应为 8 位；当被除数为 32 位时，除数应为 16 位。

(2) 当被除数为 16 位时，应存放在 AX 中，除数为 8 位，可存放在寄存器或存储器中且不能为立即数，得到的 8 位商放在 AL 中，8 位余数放在 AH 中；当被除数为 32 位时，应存放在 DX(高位)和 AX(低位)中，除数为 16 位，可存放在寄存器或存储器中且不能为立即数，得到的 16 位商放在 AX 中，16 位余数放在 DX 中。

(3) DIV 指令对标志位 CF、AF、ZF、SF、PF、OF 的影响都是不确定的，即没有意义。

(4) 被除数位数和除数位数相同时，要对被除数进行扩展，对于无符号数来说，只需使 AH 或 DX 内容为 0 即可。

2) 带符号数除法指令 IDIV

指令格式：IDIV　源操作数

指令功能：与 DIV 指令相同。

注意事项：

(1) 该指令与 DIV 指令类似，但操作数必须是带符号数，商和余数也都是带符号数，且余数的符号和被除数的符号相同。

(2) 当为字节操作时，被除数高8位的绝对值大于除数的绝对值(商超过了8位)；或当为字操作时，被除数高16位的绝对值大于除数的绝对值(即商超过了16位)；或当除数为0时，就产生0号中断进行处理。

(3) 被除数位数和除数位数相同时，要对被除数进行扩展，对于有符号数来说，AH和DX的扩展就是低位字节或低位字的符号扩展，即把AL中的最高位扩展到AH的8位中，或把AX中的最高位扩展到DX的16位中。在8086中，有专门用于有符号数扩展的指令CBW和CWD。

3) 字节转换为字指令CBW

指令格式：CBW

指令功能：将AL中的内容进行符号扩展。若AL的最高位为0，则AH→0；若AL的最高位为1，则AH为0FFH。

注意事项：

(1) 当遇到两个字节相除时，要先执行CBW指令，以便产生一个16位的被除数。

(2) 该指令不影响标志位。

4) 字转换为双字指令CWD

指令格式：CWD

指令功能：将AX中的内容进行符号扩展。若AX的最高位为0，则DX为0；若AX的最高位为1，则DX为0FFFFH。

注意事项：

(1) 当遇到两个字相除时，要先执行CWD指令，以便产生一个长为32位的被除数。

(2) 该指令不影响标志位。

3.4.3 逻辑指令

逻辑指令主要包括逻辑运算指令和移位指令两大类。

1. 逻辑运算指令

8086的逻辑运算指令包括逻辑与指令AND、逻辑或指令OR、逻辑非指令NOT、异或指令XOR和测试指令TEST。这5条指令除NOT指令不影响标志位外，其他4条指令都使CF = OF = 0，对AF无定义，而SF、ZF和PF则根据结果而定。

1) 逻辑与指令AND

指令格式：AND　目的操作数，源操作数

指令功能：两操作数按位相“与”，结果送回目的操作数。

注意事项：

(1) 操作规则是全1为1，有0为0。

(2) 自身相与，清进位标志，但结果不变。

(3) AND指令可使操作数的某些位清0，其他位不变。只需将清0的位和0相与，不

变的位和 1 相与即可。

例 3.23 从地址为 3F8H 的端口中读入一个字节数，如果该数 bit 1 位为 1，则可从 38FH 端口将 DATA 为首地址的一个字输出，否则就不能进行数据传送，编写相应的程序段。

解 程序段如下：

```
         LEA   SI，DATA
         MOV   DX，3F8H
WATT：   IN    AL，DX
         AND   AL，02H
         JZ    WATT                    // ZF = 1 转移
         MOV   DX，38FH
         MOV   AX，[SI]
         OUT   DX，AX
```

2) 逻辑或指令 OR

指令格式：OR 目的操作数，源操作数

指令功能：两操作数按位相“或”，结果送回目的操作数。

注意事项：

(1) 操作规则是全 0 为 0，有 1 为 1。

(2) 自身相或，清进位标志，但结果不变。

(3) OR 指令可使操作数的某些位置 1 其他位不变。只需将置 1 的位和 1 相或，不变的位和 0 相或即可。

例 3.24 把 AX 中的第 2、5、7、12 位内容置位 1，其他位不变。

解 指令为

```
OR   AX, 10A4H
```

3) 逻辑非指令 NOT

指令格式：NOT 操作数

指令功能：将操作数的内容按位取反。

注意事项：操作规则是 0 变为 1，1 变为 0。

4) 逻辑异或指令 XOR

指令格式：XOR 目的操作数，源操作数

指令功能：两操作数按位相“异或”，结果送回目的操作数。

注意事项：

(1) 操作规则是相同为 0，不同为 1。

(2) 自身相异或，结果为 0 进位标志为 0。

(3) XOR 指令可使操作数的某些位取反，其他位不变。只需将取反的位和 1 相异或，不变的位和 0 相异或即可。

例 3.25 把 AX 中的第 3、6、9、15 位内容取反，其他位不变。

解　指令为

XOR AX，8248H

5) 测试指令 TEST

指令格式：TEST　目的操作数，源操作数

指令功能：测试指令 TEST 与 AND 执行同样的操作，但 TEST 不把逻辑运算的结果送回目的操作数。相“与”的结果反映在标志位上。

注意事项：TEST 指令的源操作数一般设置为立即数，其中要测试目的操作数的哪一位，就相应地令源操作数的该位为 1，其他位为 0。

2. 移位指令

移位操作指令是一组经常使用的指令，包括算术移位、逻辑移位、双精度移位、循环移位和带进位的循环移位五大类。移位指令都有指定移动二进制位数的操作数，该操作数可以是立即数或 CL 的值。在 8086 中，该立即数只能为 1，但在其后的 CPU 中，该立即数可以是 1～31 之内的数。

1) 算术移位指令

算术移位指令有算术左移 SAL 和算术右移 SAR。它们的指令格式如下：

SAL/SAR　Reg/Mem, CL/Imm

受影响的标志位：CF、OF、PF、SF 和 ZF(AF 无定义)。

算术移位指令的功能描述如下：

(1) 算术左移 SAL 把目的操作数的低位向高位移，空出的低位补 0。

(2) 算术右移 SAR 把目的操作数的高位向低位移，空出的高位用最高位(符号位)填补，见图 3.3(b)。

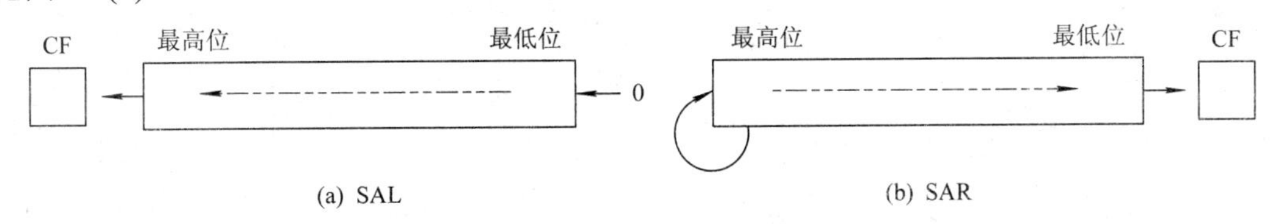

图 3.3　算术移位指令

例 3.26　已知(AH) = 12H，(BL) = 0A9H，试分别给出用算术左移和右移指令移动 1 位后，寄存器 AH 和 BL 的内容。

解　用算术左移和右移指令移动 1 位后，寄存器 AH 和 BL 的结果如表 3.1 所示。

表 3.1　算术移位后结果

操作数的初值	执行的指令	执行后操作数的内容
(AH) = 12H	SAL AH, 1	(AH) = 24H
(BL) = 0A9H	SAL BL, 1	(BL) = 52H
(AH) = 12H	SAR AH, 1	(AH) = 09H
(BL) = 0A9H	SAR BL, 1	(BL) = 0D4H

2) 逻辑移位指令

逻辑移位指令有逻辑左移 SHL 和逻辑右移 SHR。它们的指令格式如下：

SHL/SHR　Reg/Mem, CL/Imm

受影响的标志位：CF、OF、PF、SF 和 ZF(AF 无定义)。

逻辑左移/右移指令只有它们的移位方向不同，移位后空出的位都补 0。它们的具体功能如图 3.4(a)、(b)所示。

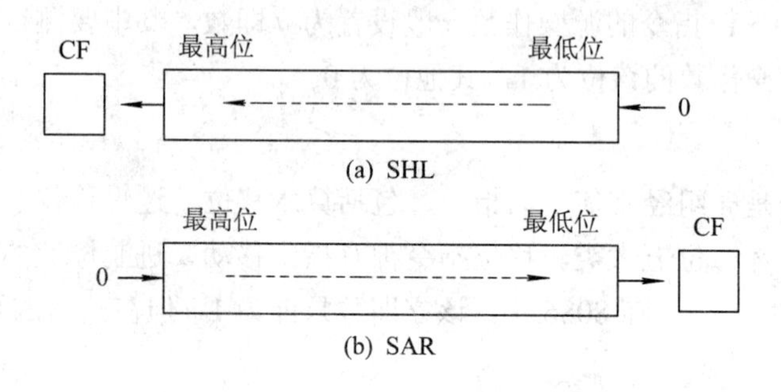

图 3.4　逻辑移位指令

例 3.27　已知(AH) = 12H，(BL) = 0A9H，试分别给出用逻辑左移和右移指令移动 1 位后，寄存器 AH 和 BL 的内容。

解　用逻辑左移和右移指令移动 1 位后，寄存器 AH 和 BL 的结果如表 3.2 所示。

表 3.2　逻辑移位后结果

操作数的初值	执行的指令	执行后操作数的内容
(AH) = 12H	SHL AH, 1	(AH) = 24H
(BL) = 0A9H	SHL BL, 1	(BL) = 52H
(AH) = 12H	SHR AH, 1	(AH) = 09H
(BL) = 0A9H	SHR BL, 1	(BL) = 54H

3) 双精度移位指令

双精度移位指令有双精度左移 SHLD 和双精度右移 SHRD。它们都是具有三个操作数的指令，其指令的格式如下：

SHLD/SHRD　Reg/Mem, Reg, CL/Imm

其中，第一操作数是一个 16 位/32 位的寄存器或存储单元；第二操作数(与前者具有相同位数)一定是寄存器；第三操作数是移动的位数，它可由 CL 或一个立即数来确定。

在执行 SHLD 指令时，第一操作数向左移 n 位，其“空出”的低位由第二操作数的高 n 位来填补，但第二操作数自己不移动、不改变。

在执行 SHRD 指令时，第一操作数向右移 n 位，其“空出”的高位由第二操作数的低 n 位来填补，但第二操作数自己也不移动、不改变。

SHLD 和 SHRD 指令的移位功能示意图如图 3.5 所示。

受影响的标志位：CF、OF、PF、SF 和 ZF(AF 无定义)。

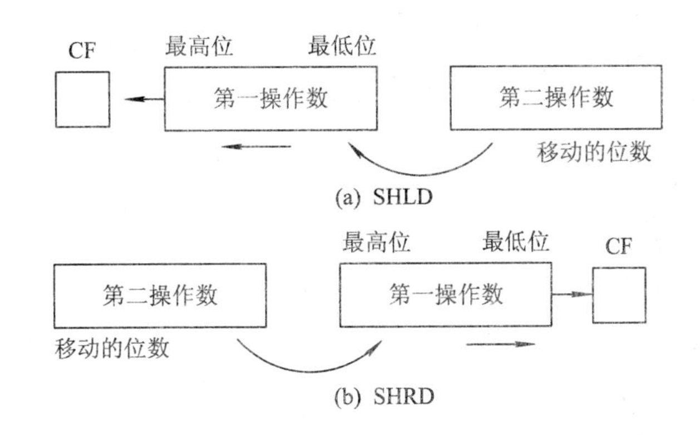

图 3.5　双精度移位指令移位功能示意图

表 3.3 所示是几个双精度移位的例子及其执行结果。

表 3.3　双精度移位后结果

双精度移位指令	指令操作数的初值	指令执行后的结果
SHLD AX, BX, 1	(AX) = 1234H, (BX) = 8765H	(AX) = 2469H
SHLD AX, BX, 3	(AX) = 1234H, (BX) = 8765H	(AX) = 91A4H
SHRD AX, BX, 2	(AX) = 1234H, (BX) = 8765H	(AX) = 448DH
SHRD AX, BX, 4	(AX) = 1234H, (BX) = 8765H	(AX) = 5123H

4) 循环移位指令

循环移位指令有循环左移 ROL 和循环右移 ROR。

指令的格式：ROL/ROR Reg/Mem, CL/Imm

受影响的标志位：CF 和 OF。

循环左移/右移指令只是移位方向不同，它们移出的位不仅要进入 CF，而且还要填补空出的位，具体功能如图 3.6(a)、(b)所示。

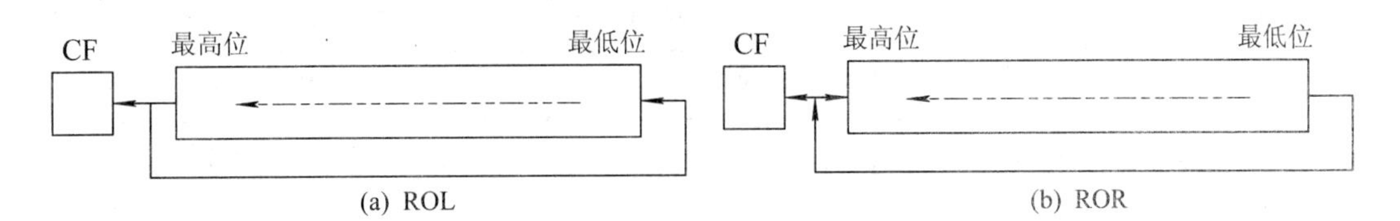

图 3.6　循环移位指令

表 3.4 所示是几个循环移位的例子及其执行结果。

表 3.4　循环移位后结果

循环移位指令	指令操作数的初值	指令执行后的结果
ROL AX, 1	(AX) = 6789H	(AX) = 0CF12H
ROL AX, 3	(AX) = 6789H	(AX) = 3C4BH
ROR AX, 2	(AX) = 6789H	(AX) = 59E2H
ROR AX, 4	(AX) = 6789H	(AX) = 9678H

5) 带进位的循环移位指令

带进位的循环移位指令有带进位的循环左移 RCL 和带进位的循环右移 RCR。

指令的格式：RCL/RCR　Reg/Mem，CL/Imm

受影响的标志位：CF 和 OF。

带进位的循环左移/右移指令只有移位的方向不同，它们都用原 CF 的值填补空出的位，移出的位再进入 CF，具体功能如图 3.7(a)、(b)所示。

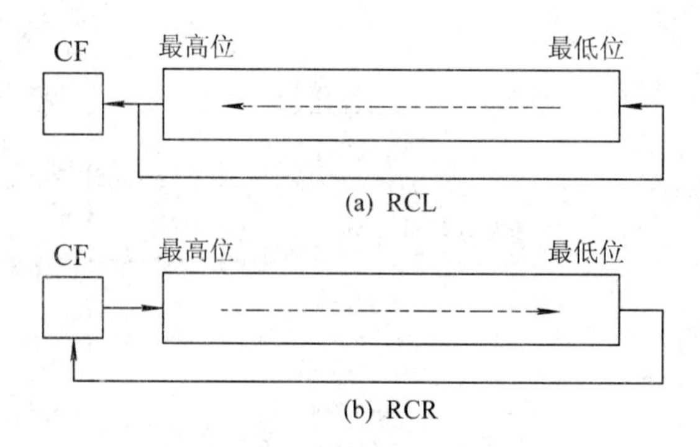

图 3.7　带进位的循环移位指令

表 3.5 是几个带进位循环移位的例子及其执行结果。

表 3.5　带进位的循环移位后结果

双精度移动指令	指令操作数的初值	指令执行后的结果
RCL AX, 1	CF = 0，(AX) = 0ABCDH	(AX) = 579AH
RCL AX, 1	CF = 1，(AX) = 0ABCDH	(AX) = 579BH
RCR AX, 2	CF = 0，(AX) = 0ABCDH	(AX) = AAF3H
RCR AX, 2	CF = 1，(AX) = 0ABCDH	(AX) = EAF3H

例 3.28　编写指令序列把由 DX 和 AX 组成的 32 位二进制算术左移、循环左移 1 位。

解

(DX，AX)算术左移 1 位指令序列	(DX，AX)循环左移 1 位指令序列
SAL AX, 1 RCL DX, 1	ROL DX, AX, 1 RCL　AX, 1

例 3.29　将 1000H 开始存放的 4 个压缩 BCD 码转换为 ASCII 码存放在 3000H 开始的单元中去。

解　程序如下：

```
       MOV   SI, 1000H
       MOV   DI, 3000H
       MOV   CX, 4
Next:  MOV   AL, [SI]
       MOV   BL, AL
       AND   AL, 0FH
       OR    AL, 30H
       MOV   [DI], AL
       INC   DI
       MOV   AL, BL
       PUSH  CX
       MOV   CL, 4
       SHR   AL, CL
       OR    AL, 30H
       MOV   [DI], AL
       INC   DI
       INC   SI
       POP   CX
       DEC   CX
       JNZ   Next
       HLT
```

3.4.4　串处理指令

1. 字符串操作指令

字符串操作指令的实质是对一片连续的存储单元进行处理，这片存储单元是由隐含指针 DS:SI 或 ES:DI 来指定的。字符串操作指令可对内存单元按字节、字或双字进行处理，并能根据操作对象的字节数使变址寄存器 SI(和 DI)增减 1、2 或 4。具体规定如下：

(1) 当 DF = 0 时，变址寄存器 SI(和 DI)增加 1、2 或 4；

(2) 当 DF = 1 时，变址寄存器 SI(和 DI)减少 1、2 或 4。

1) 取字符串数据指令 LODS

从指针 DS:SI 所指向的内存单元开始，取一个字节、字或双字进入 AL、AX 中，并根据标志位 DF 对寄存器 SI 作相应增减，如图 3.8 所示。该指令的执行不影响任何标志位。

指令格式：LODS　地址表达式

　　　　　LODSB/LODSW

LODSD

指令功能：在指令 LODS 中，它会根据其地址表达式的属性来决定读取一个字节、字或双字。即当该地址表达式的属性为字节、字或双字时，将从指针 DS:SI 处读一个字节到 AL 中，或读一个字到 AX 中，与此同时，SI 还将分别增减 1、2 或 4。

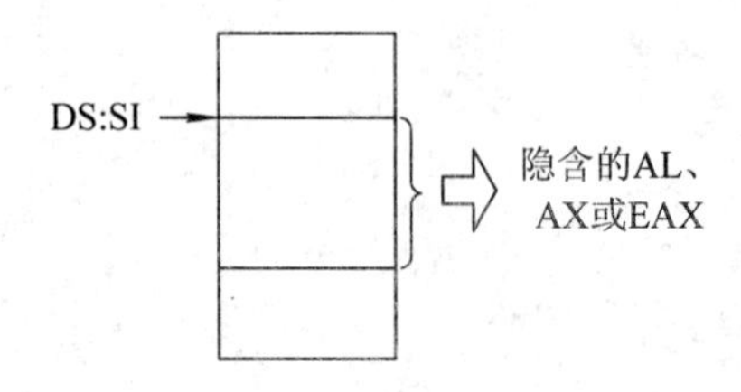

图 3.8　取字符串数据指令的功能示意图

2) 置字符串数据指令 STOS

指令格式：STOS　地址表达式

STOSB/STOSW

STOSD

指令功能：该指令是把寄存器 AL、AX 中的值存于以指针 ES:DI 所指向的内存单元为起始位置的一片存储单元里，如图 3.9 所示，并根据标志位 DF 对寄存器 DI 作相应增减。该指令的执行不影响任何标志位。

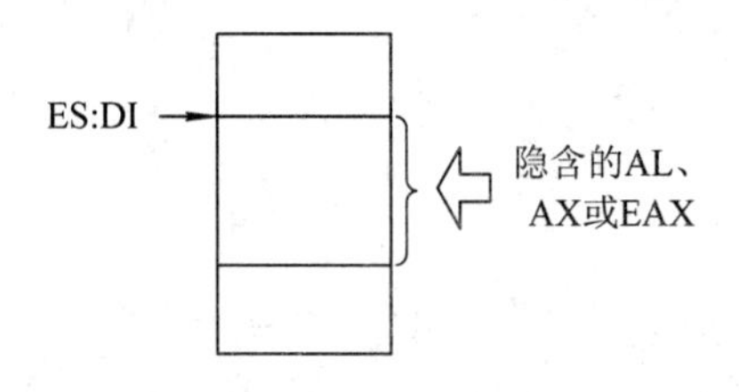

图 3.9　置字符串数据指令的功能示意图

3) 字符串传送指令

字符串传送指令把指针 DS:SI 所指向的字节、字或双字传送给指针 ES:DI 所指向的内存单元，并根据标志位 DF 对寄存器 DI 和 SI 作相应增减。该指令的执行不影响任何标志位。

指令格式：MOVS　地址表达式 1，地址表达式 2

MOVSB/MOVSW

例 3.30　将内存中 BUF1 为首地址的 100 个字的数据搬到以 BUF2 为首地址的内存中去。

解　程序如下：

```
MOV   SI, OFFSET BUF1
MOV   DI, OFFSET BUF2
MOV   CX, 100
```

```
AGAIN:  MOV   AX, [SI]
        MOV   ES: [DI], AX
        INC   SI
        INC   SI
        INC   DI
        INC   DI
        DEC   CX
        JNZ   AGAIN
```

例 3.31　用串传送指令实现 200 个字节数据的传送。

解　程序如下：

```
LEA   SI, MEM1
LEA   DI, MEM2
MOV   CX, 200
CLD
REP   MOVSB
HLT
```

4) 字符串比较指令(CompareString Instruction)

指令格式：CMPS　地址表达式 1，地址表达式 2

CMPSB/CMPSW

指令功能：该指令把指针 DS:SI 和 ES:DI 所指向的字节、字或双字的值相减，并用所得到的差来设置有关的标志位，如图 3.10 所示。与此同时，变址寄存器 SI 和 DI 也将根据标志位 DF 的值作相应增减。

受影响的标志位：AF、CF、OF、PF、SF 和 ZF。

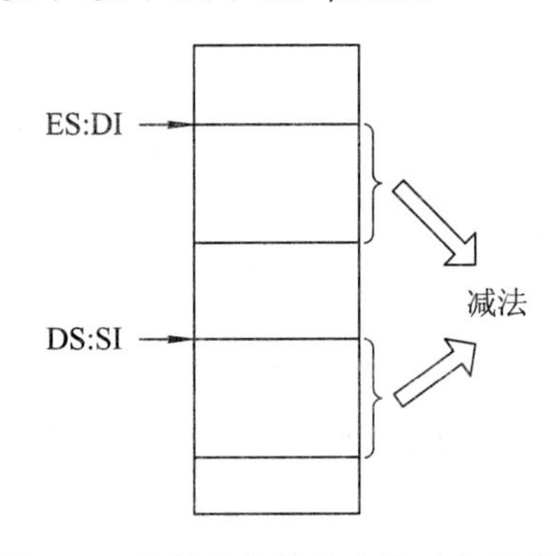

图 3.10　字符串比较指令的功能示意图

例 3.32　比较两字符串，找出其中第一个不相等字符的地址。若两字符串全部相同，则转到 ALLMATCH 进行处理。两字符串长度均为 20，首地址分别为 STRING1 和 STRING2。

解　程序如下：

```
LEA   SI, STRING1
LEA   DI, STRING2
MOV   CX, 20
CLD
REPE  CMPSB
JCXZ  ALLMATCH
DEC   SI
DEC   DI
HLT
ALLMATCH：  MOV   SI, 0
MOV   DI, 0
HLT
```

例 3.33 检查内存首地址 SOURCE 和 DEST 两个 100 个字节串元素是否对应相等。若相等，BX = 0；如不相等，则 BX 指向源串中第一个不相同字节的偏移地址，该字节内容保存在 AL 中。

解 程序如下：

```
        MOV   CX, 100
        LEA   SI, SOURCE
        LEA   DI, DEST
AGAIN:  CMPSB
        JNZ NEXT
        DEC CX
        JNZ AGAIN
        MOV BX, 0
        JMP   DONE
NEXT:   DEC   SI
        MOV BX, SI
        MOV AL, [BX]
DONE:   HLT
```

5) 字符串扫描指令(ScanString Instruction)

指令格式：SCAS 地址表达式 1

SCASB/SCASW

SCASD

指令功能：该指令用指针 ES:DI 所指向的字节、字或双字的值与相应的 AL、AX 或 EAX 的值相减，用得到的差来设置有关标志位，如图 3.11 所示。与此同时，变址寄存器 DI 还将根据标志位 DF 的值进行增减。

受影响的标志位：AF、CF、OF、PF、SF 和 ZF。

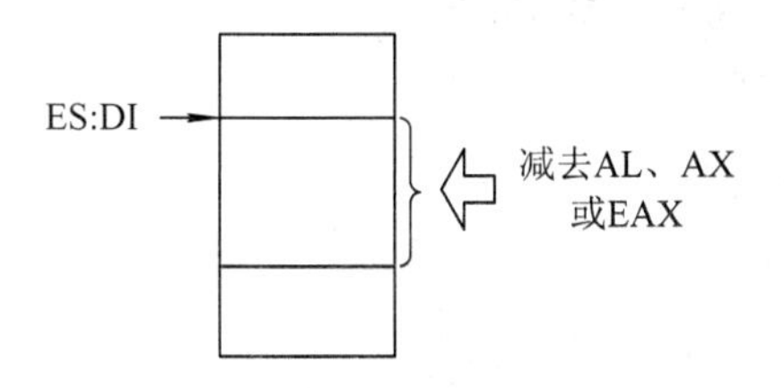

图 3.11　字符串扫描指令的功能示意图

例 3.34　在长度为 1000H 字节的某字符串中，查找“＄”字符。若存在，则将第一个“＄”所在的地址送入 BX 中，否则将 BX 清零。

解　程序如下：

```
        CLD
        MOV    DI, 0100H
        MOV    AL, '$'
        MOV    CX, 1000H
        REPNE    SCASB
        AND    CX, 0FFFFH
        JZ    ZER
        DEC    DI
        MOV    BX, DI
        JMP    STO
ZER:    MOV    BX, 0
STO:    HLT
```

2．重复前缀指令

对于上述指令的描述是这些指令执行一次所具有的功能，但我们知道每个字符串通常会有多个字符，因此，有时需要重复执行这些字符串操作指令。为了满足这种需求，指令系统提供了一组重复前缀指令。虽然在这些字符串指令的前面都可以添加一个重复前缀指令，但由于指令执行结果的差异，对某个具体的字符串指令不用简单的重复前缀指令而改用其他循环来实现。

重复字符串操作指令对标志位的影响由被重复的字符串操作指令来决定。

1) 重复前缀指令 REP

重复前缀指令是重复其后字符串的操作指令，重复的次数由 CX 来决定，其一般格式为

```
REP LODS/LODSB/LODSW/LODSD
REP STOS/STOSB/STOSW/STOSD
REP MOVS/MOVSB/MOVSW/MOVSD
```

REP INS/ INSB/INSW/INSD

REP OUTS/OUTSB/OUTSW/OUTSD

重复前缀指令的执行步骤如下：

(1) 判断 CX 的值是否为 0；

(2) 如果(CX)= 0，则结束重复操作，执行程序中的下一条指令；

(3) 否则，(CX)= (CX)−1(不影响有关标志位)，并执行其后的字符串操作指令，在该指令执行完后，再转到步骤(1)。

从上面的重复前缀指令格式来看，虽然我们可以使用重复取字符串数据指令(第一组指令)，但可能会因为指令的执行结果而在程序中几乎不被使用。

例 3.35　编写一段程序，计算字符串“12345abcdefgh”中字符的 ASCII 之和。

解　程序如下：

```
MOV   AX, SEG MESS
MOV   DS, AX
LEA   SI, MESS        ; 用 DS:SI 来指向字符串的首地址
MOV   CX, 13D         ; 重复次数
XOR   BX, BX          ; 置求和的初值为 0
REP   LODSB
```

2) 条件重复前缀指令

条件重复前缀指令与前面的重复前缀指令功能相类似，所不同的是：其重复次数不仅由 CX 来决定，而且还会由标志位 ZF 来决定。根据 ZF 所起的作用条件，重复前缀指令又分为两种：相等重复前缀指令 REPE/REPZ 和不等重复前缀指令 REPE/REPZ。

相等重复前缀指令的一般格式为

REPE/REPZ SCAS/SCASB/SCASW/SCASD

REPE/REPZ CMPS/CMPSB/CMPSW/CMPSD

该重复前缀指令的执行步骤如下：

(1) 判断条件：(CX) ≠ 0 且 ZF = 1；

(2) 如果条件不成立，则结束重复操作，执行程序中的下一条指令；

(3) 否则，(CX) = (CX)−1(不影响有关标志位)，并执行其后的字符串操作指令，在该指令执行完后，再转到步骤(1)。

不等重复前缀指令的一般格式为

REPNE/REPNZ SCAS/SCASB/SCASW/SCASD

REPNE/REPNZ CMPS/CMPSB/CMPSW/CMPSD

该重复前缀指令的执行步骤如下：

(1) 判断条件：(CX)≠ 0 且 ZF = 0；

(2) 如果条件不成立，则结束重复操作，执行程序中的下一条指令；

(3) 否则，(CX)= (CX) − 1(不影响有关标志位)，并执行其后的字符串操作指令，在该

指令执行完后，再转到步骤(1)。

3.4.5　程序控制指令

在 8086 系统中，指令执行的顺序由代码段寄存器 CS 和指令指针 IP 的内容决定。在程序顺序执行时，CPU 执行完一条指令后 IP 自动增量执行下一条指令；但是在程序非顺序执行时，则由控制转移指令改变代码段寄存器 CS 和指令指针 IP 的内容，CPU 根据新的 CS 和 IP 的值执行指令，从而实现程序转移。8086 有 5 种控制转移指令：循环指令、无条件转移指令、条件转移指令、子程序及中断指令。

1．循环指令

循环结构是程序的三大结构之一。为了方便构成循环结构，汇编语言提供了多种循环指令，这些循环指令的循环次数都保存在计数器 CX 中。除了 CX 可以决定循环是否结束外，有的循环指令还可由标志位 ZF 来决定是否结束循环。

在高级语言中，循环计数器可以递增，也可递减，但在汇编语言中，CX 只能递减，所以，循环计数器只能从大到小。

汇编语言的循环指令都是放在循环体的下面的，在循环时，首先执行一次循环体，然后把循环计数器 CX 减 1。当循环终止条件满足时，该循环指令下面的指令将是下一条被执行的指令，否则，程序将向上转到循环体的第一条指令。

当循环未终止而向上转移时，规定：该转移只能是一个短转移，即偏移量不能超过 128，也就是说循环体中所有指令码的字节数之和不能超过 128。如果循环体过大，可以用后面介绍的“转移指令”来构造循环结构。

循环指令本身的执行不影响任何标志位。

1) 循环指令

循环指令 LOOP 的一般格式如下：

```
    LOOP  标号                ; CX 作为循环计数器
```

循环指令的功能描述：

- (CX) = (CX)−1；
- 如果 CX ≠ 0，转向“标号”所指向的指令，否则，终止循环，执行该指令下面的指令。

例 3.36　编写一段程序，求 1 + 2 + … + 1000 之和，并把结果存入 AX 中。

解　方法 1：因为计数器 CX 只能递减，所以，可把求和式子改变为 1000 + 999 + … + 2 + 1。

```
        …
        XOR     AX, AX
        MOV     CX, 1000D
again:  ADD     AX, CX          ; 计算过程:1000+999+…+2+1
```

```
        LOOP    again
        …
```

方法 2：不用循环计数器进行累加，求和式子仍为 1 + 2 + … + 999 + 1000。

```
        …
        XOR     AX, AX
        MOV     CX, 1000D
        MOV     BX, 1
again:  ADD     AX, BX          ; 计算过程：1 + 2 + … + 999 + 1000
        INC  BX
        LOOP    again
        …
```

从程序段的效果来看：方法 1 要比方法 2 好。

2) 相等或为零循环指令

相等或零循环指令的一般格式如下：

```
LOOPE/LOOPZ  标号
LOOPEW/LOOPZW  标号          ; CX 作为循环计数器
```

这是一组有条件循环指令，它们除了要受 CX 的影响外，还要受标志位 ZF 的影响。其具体规定如下：

(1) (CX) = (CX)−1；(不改变任何标志位)

(2) 如果循环计数器 ≠ 0 且 ZF = 1，则程序转到循环体的第一条指令，否则，程序将执行该循环指令下面的指令。

3) 不等或不为零循环指令

不等或不为零循环指令的一般格式如下：

```
LOOPNE/LOOPNZ  标号
LOOPNEW/LOOPNZW  标号  ;CX 作为循环计数器
```

这也是一组有条件循环指令，它们与相等或为零循环指令在循环结束条件上有点不同。其具体规定如下：

(1) (CX) =(CX)−1；(不改变任何标志位)

(2) 如果循环计数器 ≠ 0 且 ZF = 0，则程序转到循环体的第一条指令，否则，程序将执行该循环指令下面的指令。

在前面的各类循环指令中，不管循环计数器的初值为何，循环体至少会被执行一次。当循环计数器的初值为 0 时，通常的理解应是循环体被循环 0 次，即循环体一次也不被执行。其实不然，循环体不是不被执行，而是会被执行 65 536 次(用 CX 计数)。

为了解决指令的执行和常规思维之间的差异，指令系统又提供了一条与循环计数器有关的指令——循环计数器为零转指令。该指令一般用于循环的开始处，其指令格式如下：

JCXZ 标号　　;当(CX)=0 时，则程序转移标号处执行

例 3.37　编写一段程序，求 1 + 2 + … + k (k≥0)之和，并把结果存入 AX 中。

解　程序如下：

```
        …
        K      DB ?            ; 变量定义
        …
        XOR    AX, AX
        MOV    CX, K
        JCXZ   next
again:  ADD    AX, CX          ; 计算过程:K+(K–1)+…+2+1
        LOOP   again
next: …
```

2. 转移指令

转移指令是汇编语言经常使用的一组指令。在高级语言中，时常有“尽量不要使用转移语句”的劝告，但如果在汇编语言的程序中也尽量不用转移语句，那么该程序要么无法编写，要么没有多少功能，所以，在汇编语言中，不但要使用转移指令，而且还要灵活运用，因此指令系统中有大量的转移指令。

1) 无条件转移指令

无条件转移指令包括 JMP、子程序的调用和返回指令、中断的调用和返回指令等。

下面只介绍无条件转移指令 JMP。

JMP 指令的一般形式如下：

JMP　标号/Reg/Mem

JMP 指令是从程序当前执行的地方无条件转移到另一个地方执行。这种转移可以是一个短(short)转移(偏移量在[–128，127]范围内)、近(near)转移(偏移量在[–32K，32K]范围内)或远(far)转移(在不同的代码段之间转移)。

短转移和近转移是段内转移，JMP 指令只把目标指令位置的偏移量赋值指令指针寄存器 IP，从而实现转移功能。但远转移是段间转移，JMP 指令不仅会改变指令指针寄存器 IP 的值，而且还会改变代码段寄存器 CS 的值。

转移指令的执行不影响任何标志位。

2) 条件转移指令

条件转移指令是一组极其重要的转移指令，它根据标志寄存器中的一个(或多个)标志位来决定是否需要转移，这就为实现多功能程序提供了必要的手段。微型计算机的指令系统提供了丰富的条件转移指令来满足各种不同的转移需要，在编程序时，要灵活运用它们。

条件转移指令又分三大类：基于无符号数的条件转移指令、基于有符号数的条件转移指令和基于特殊算术标志位的条件转移指令。

(1) 无符号数的条件转移指令(表 3.6)。

表 3.6　无符号数的条件转移指令

指令的助记符	检测的转移条件	功 能 描 述
JE/JZ	ZF = 1	Jump Equal or Jump Zero
JNE/JNZ	ZF=0	Jump Not Equal or Jump Not Zero
JA/JNBE	CF = 0 and ZF = 0	Jump Above or Jump Not Below or Equal
JAE/JNB	CF = 0	Jump Above or Equal or Jump Not Below
JB/JNAE	CF = 1	Jump Below or Jump Not Above or Equal
JBE/JNA	CF = 1 or AF = 1	Jump Below or Equal or Jump Not Above

(2) 有符号数的条件转移指令(表 3.7)。

表 3.7　有符号数的条件转移指令

指令的助记符	检测的转移条件	功 能 描 述
JE/JZ	ZF = 1	Jump Equal or Jump Zero
JNE/JNZ	ZF = 0	Jump Not Equal or Jump Not Zero
JG/JNLE	ZF = 0 and SF = OF	Jump Greater or Jump Not Less or Equal
JGE/JNL	SF = OF	Jump Greater or Equal or Jump Not Less
JL/JNGE	SF ≠ OF	Jump Less or Jump Not Greater or Equal
JLE/JNG	ZF = 1 or SF ≠ OF	Jump Less or Equal or Jump Not Greater

(3) 特殊算术标志位的条件转移指令(表 3.8)。

表 3.8　特殊算术标志位的条件转移指令

指令的助记符	检测的转移条件	功 能 描 述
JC	CF = 1	Jump Carry
JNC	CF = 0	Jump Not Carry
JO	OF = 1	Jump Overflow
JNO	OF = 0	Jump Not Overflow
JP/JPE	PF = 1	Jump Parity or Jump Parity Even
JNP/JPO	PF = 0	Jump Not Parity or Jump Parity Odd
JS	SF = 1	Jump Sign (negative)
JNS	SF = 0	Jump No Sign (positive)

例 3.38　设以 2000H 开始的区域中，存放了 14H 个无符号数，要求找出其中最大的一个数，并存到 3000H 单元。

解　程序如下：

```
MOV   BX, 2000H
MOV   AL, [BX]
```

```
        MOV   CX, 13H
P1:   INC   BX
        CMP   AL, [BX]
        JAE   P2
        MOV   AL, [BX]
P2:   DEC   CX
        JNZ   P1
        MOV   BX, 3000H
        MOV   [BX], AL
```

例 3.39　设以 2000H 开始的区域中，存放了 14H 个带符号数，要求找出其中最大的一个数，并存到 3000H 单元。

解　程序如下：

```
        MOV   BX, 2000H
        MOV   AL, [BX]
        MOV   CX, 13H
P1:    INC   BX
        CMP   AL, [BX]
        JGE   P2
        MOV   AL, [BX]
P2:    DEC   CX
        JNZ   P1
        MOV   BX, 3000H
        MOV   [BX], AL
```

3．子程序及中断指令

1) 子程序调用指令 CALL

CALL 指令用于暂停正在执行的主程序，转去执行相应的子程序，子程序执行完后再返回到主程序中，所以要把 CALL 指令的下一条指令的 CS 和 IP 值压入栈进行保护。以下是 CALL 指令的使用方式。

(1) 段内直接调用。

指令格式：CALL 直接地址或 CALL NEAR PTR 标号

指令功能：首先将断点的 IP 值压入堆栈，再将子程序的地址偏移量加到当前 IP 上，然后根据 IP 转到相应的子程序执行。

(2) 段内间接调用。

指令格式：CALL 寄存器或 CALL WORD PTR 存储器

指令功能：首先将断点的 IP 值压入堆栈，再将子程序的地址偏移量送入 IP，然后根据 PTR 到相应的子程序执行。

(3) 段间直接调用。

指令格式：CALL FAR PTR 标号

指令功能：首先将断点的CS值压入堆栈，并将子程序的段地址送入CS，再把断点的IP值压入堆栈，把子程序的地址偏移量送入IP，然后根据CS、IP值转到相应的子程序执行。

(4) 段间间接调用。

指令格式：CALL DWORD PTR 存储器

指令功能：首先将断点的 CS 值压入堆栈，并将指令中指定的双字存储器的第二个字的内容送入CS，再把断点的IP值压入堆栈，然后把双字存储器的第一个字的内容送入IP，最后根据CS、IP值转到相应的子程序执行。

2) 子程序返回指令RET

RET与CALL相对应，通常作为一个子程序的最后一条指令，用于返回到调用这个子程序的主程序断点处继续执行。以下是RET指令的使用方式。

(1) 直接返回指令。

指令格式：RET

指令功能：若是段内的RET指令，只返回主程序断点处的IP值，即从堆栈中弹出一个字送到IP；若是段间的RET指令，则要返回主程序断点处的CS和IP值，即从堆栈中弹出一个字送到IP，再从堆栈中弹出一个字送到CS。

(2) 带立即数返回指令。

指令格式：RET n

指令功能：先执行与RET相同的操作，再修改SP使SP+n→SP，n为一个十六进制的立即数，通常是偶数，表示返回时从堆栈中舍弃的字节数。

3) 中断指令

(1) 中断调用指令INT。

指令格式：INT n　　　　　; n为中断类型号，取值范围为0～255

指令功能：把 PSW、CS、IP 寄存器内容依次压入堆栈，并根据中断类型号从中断向量表中取出连续4个字节的内容赋予IP和CS，转到中断服务程序执行。

(2) 溢出中断指令INT0。

指令格式：INT0

指令功能：若OF = 1则启动一个中断类型号为4的中断过程，否则不中断。

(3) 中断返回指令IRET。

指令格式：IRET

指令功能：放在中断服务程序的最后，用于返回主程序，同时从堆栈中恢复IP、CS、PSW寄存器的内容，返回原断点执行程序。

3.4.6　处理机控制指令

处理机控制指令用来控制处理机的某些功能，包括调整状态标志位、使8086CPU与外部事件同步及空操作指令。该类指令无操作数。

1. 标志处理指令

(1) CLC (ClearCany Flag)：进位位清 0。

(2) CMC (Complment Cariy Flag：进位位求反。

(3) STC (Set Cany Flag：进位位置位。

(4) CLD (Clear Direction Flag)：方向标志清 0。

(5) STD (Set Directon Flag：方向标志置位。

(6) CLI (C lear Interrupt Enable Flag：中断标志清 0。

(7) STI (Set Interrupt Enable Flag)：中断标志置位。

2. 其他处理机控制指令

(1) HLT：暂停，使 8086 CPU 进入暂停状态，除非复位或有中断发生才退出暂停状态。

(2) ESC：ESC 又称换码指令、交权指令，该指令把控制权交给协处理器，即把存储单元的内容送到数据总线，由协处理器获得该内容。

(3) WAIT：等待，检测 TEST 状态，若 TEST 为无效电平则等待，否则执行 WAIT 指令后的下一条指令。

(4) LOCK：总线封锁，LOCK 可加在任何指令前作为前缀，使得处理机在执行该指令期间保持总线锁定信号 LOCK 有效，从而把总线封锁，使别的主设备不能控制总线，以便实现多处理机对资源共享的要求。

(5) NOP：空操作，NOP 使 CPU 不执行任何操作，除非响应外中断。放在程序中有两个作用：一是让它占有一定的存储单元，以便以后用其他指令代替；二是可以起到延时的作用。

3.5　汇编语言程序设计基础

3.5.1　汇编语言语句格式

在汇编语言源程序中，每个语句可由 4 项组成，格式如下：

[标识符][:]　指令助记符　[操作数]　[；注解]

1. 标识符

1) 标识符的组成规则

(1) 组成名字的字符可以是：A～Z、a～z、0～9、?、@、$。

(2) 名字不能以数字开头；问号本身不能单独作为名字；名字的最大长度为 30，若超过则后续字符无效。

2) 标识符的构成

标识符可以是标号和变量。标号在代码段中定义，后跟冒号，用于表示转向地址；变量在除代码段以外的其他段中定义，后不跟冒号。

2．指令助记符

指令助记符可以是指令、伪指令的助记符。对于指令，汇编程序将其翻译为机器语言；对于伪指令，汇编程序将根据其所要求的功能进行处理。

3．操作数与运算符

操作数可以是常量、变量、表达式和标号。常量就是指令中出现的一些固定值，可分为数值常量和字符串常量；变量是存放在存储单元或寄存器中的数据；表达式是由常数、变量通过操作运算符连接而成的，这些操作运算符主要分为算术运算符、逻辑运算符和关系运算符等；标号则表示机器指令的符号地址。下面简要说明各操作运算符。

1) 算术运算符

算术运算符有 +、–、*、/、%。

2) 逻辑运算符

逻辑运算符有 AND、OR、NOT、XOR。

3) 关系运算符

关系运算符有 EQ、NE、LT、GT、LE、GE。

参加运算的必须是两个数值或同一段内的两个存储单元地址。计算结果应为逻辑值，当关系式成立时，结果为真，用全 1 表示；当关系式不成立时，结果为假，用 0 表示。

4) 分析运算符

分析运算符有 TYPE、LENGTH、SIZE、OFFSET、SEG。

(1) TYPE 指令。

指令格式：TYPE　变量或标号

指令功能：如果是变量，则汇编程序将回送该变量的类型值；如果是标号，则汇编程序将回送代表该标号类型的数值。

(2) LENGTH 指令。

指令格式：LENGTH　变量

指令功能：对于变量中使用 DUP 的情况，则返回外层 DUP 的给定值；如果没有使用 DUP，则返回值是 1。

(3) SIZE 指令。

指令格式：SIZE　变量

指令功能：汇编程序将返回分配给该变量的字节数，此值是 LENGTH 和 TYPE 的乘积。

(4) OFFSET 指令。

指令格式：OFFSET　变量或标号

指令功能：回送变量或标号的偏移地址值。

(5) SEG 指令。

指令格式：SEG　变量或标号

指令功能：回送变量或标号的段地址值。

5) 属性运算符

属性运算符有 PTR、THE、SHORT 和段操作符。

(1) PTR 属性运算符。

指令格式：类型 PTR　存储器

指令功能：运算符 PTR 用于指定存储器操作数的类型，类型可以是 BYTE、WORD、DWORD、NEAR、FAR。

(2) THE 属性运算符。

指令格式：THE 属性或类型

指令功能：建立一个指定类型(BYTE WORD、DWORD)或指定距离(NEAR、FAR)的地址操作数，该操作数的段地址和偏移地址与下一个存储单元地址相同。

(3) SHORT 属性运算符。

指令格式：SHORT　标号

指令功能：用来指定 JMP 指令中转向地址的属性，即指出转向地址是在下一条指令地址的 –128～+127 个字节的范围内。

(4) 段操作符。

指令格式：段寄存器:存储器

指令功能：冒号跟在段寄存器名之后，用来给一个存储器操作数指定段属性，也称为段超越。

4．注释项

注释项是一个任选字段，在汇编语言语句的最后，它必须以分号开始，如果注释的内容超出一行，则第二行要以分号开始。注释项的内容不影响程序的功能，也不出现在汇编后的机器代码中，只是提高程序的可读性。

3.5.2　伪指令

单纯由机器指令不能形成完整程序，需要一些辅助语句来组织指令和数据，这些辅助语句就是伪指令。伪指令语句是说明性语句，告诉汇编程序如何工作，主要完成数据定义、分配存储区、指示程序结束等功能。伪指令不像机器指令，它没有对应的机器码，汇编后不产生目标代码，只在汇编程序时起作用。

1．数据定义伪指令

数据定义伪指令包括 DB、DW、DD、DQ、DT，用于定义变量及分配存储区。

指令格式：[变量名] 数据定义伪指令　操作数项

指令功能：用于定义变量的类型，给存储器赋初值或给变量分配存储单元。

注意事项：

(1) 方括号中的变量名为任选项，变量名后面不跟冒号。

(2) DB 定义字节类型变量，DW 定义字类型变量，DD 定义双字类型变量，DQ 定义 4

字类型变量，DT 定义 10 字类型变量。

(3) 操作数的值不能超出相应数据类型限定的取值范围。

(4) 操作数项可以包括多个数据，它们之间用逗号隔开。

例 3.40　画出下列存储单元分配示意图。

```
DATA   DB   100, 0FFH
STR   DB   'HELLO'
NUM   DD 112233H
```

解　具体分配情况如图 3.12 所示。

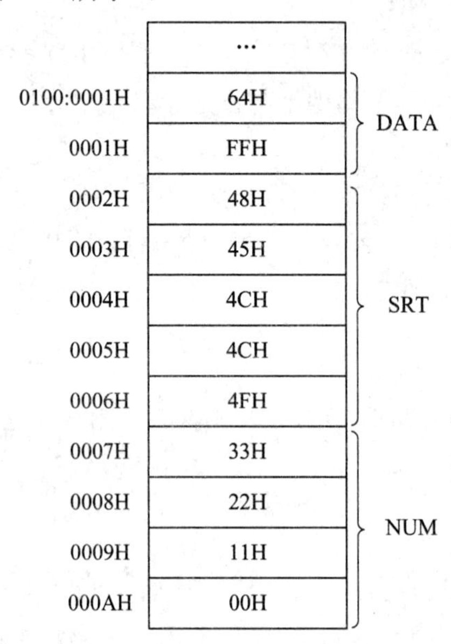

图 3.12　例 3.40 示意图

此外，问号“？”也可作为操作数，此时仅给变量保留相应的存储单元，而不赋予确定的初值。当同样的操作重复多次时，可用重复操作符“DUP”表示，DUP 操作可以嵌套。

例 3.41　定义 1，2，3，3，3，3，1，0，1，0 的 5 次重复。

解　指令如下：

```
BB   DB   5.DUP(1, 2, 4DUP(3), 2DUP(1, 0))
```

2．赋值伪指令

指令格式：名字 EQU 表达式

指令功能：将表达式的值赋予一个名字，以后用这个名字来代替对应的表达式。

注意事项：

(1) 表达式可以是一个常数、符号、数值表达式或地址表达式。

(2) 已赋值的名字可以在以后的赋值语句中引用。

(3) EQU 伪指令的功能类似于等号(“=”)的功能，区别在于由 EQU 赋值的名字不可重复赋值，而由“=”赋值的名字可以重复赋值。

3. 段定义伪指令

1) 完整段定义伪指令

指令格式：段名 SEGMENT
　　　　　段名 ENDS

指令功能：SEGMENT 和 ENDS 成对使用，用来定义一个段的开始和结束。

注意事项：

(1) SEGMENT 和 ENDS 前面的段名必须一致。

(2) SEGMENT 和 ENDS 之间的语句是定义段的内容。

(3) 可以定义代码段、数据段、附加数据段和堆栈段，代码段主要是程序指令和某些伪指令；数据段和附加数据段用于定义数据和存储单元；堆栈段为堆栈操作预留出存储空间。

2) 指定段寄存器伪指令

指令格式：ASSUME 段寄存器名：段名[，段寄存器名：段名]

指令功能：由于段名是用户定义的，所以要指明哪个段名对应哪个段寄存器。

注意事项：段寄存器名必须是 CS、DS、ES、SS 中的一个，而段名则必须是由 SEGMENT 定义的段名，并且由 SEGMENT 定义了几个段，ASSUME 伪指令就需要指明几个段。

4. 过程定义伪指令

过程定义伪指令用来定义一个子程序，子程序又称过程，在主程序中由 CALL 指令调用，调用结束将返回到主程序中 CALL 指令的下一条指令继续执行，而子程序中必须有一条返回指令 RET。

指令格式：过程名 PROC 类型 过程名 ENDP

指令功能：PROC 和 ENDP 成对使用，用来定义一个过程的开始和结束。

注意事项：

(1) PROC 和 ENDP 前面的过程名必须一致。

(2) PROC 和 ENDP 之间的语句是定义过程的内容。

(3) 过程的类型有 NEAR 和 FAR 两种，在本段内调用的过程是 NEAR 过程，可在不同段间调用的过程是 FAR 过程，定义时若不指定类型，缺省为 NEAR 类型。

5. 模块定义伪指令

在汇编语言中每一个独立的源程序称为一个模块，在源程序的开始可以用 NAME 或 TITLE 伪指令为模块命名，而源程序结束使用 END 伪指令。

指令格式：AME 模块名 TITLE 模块名 END [标 号]

指令功能：

(1) NAME 伪指令可以缺省，如果缺省 NAME 指令，汇编程序以 TITLE 指令中的前 6 个字符作为模块名。

(2) TITLE 伪指令用于给程序一个标题，列表文件中每一页的第一行都会显示这个标题，它是用户任意选定的字符串，但是字符的个数不能超过 60。TITLE 指令也可以缺省，

如果 NAME 和 TITLE 都缺省，则以源文件名作为模块名。

(3) END 伪指令中的标号指出程序开始执行的第一条指令的地址，该指令不能缺省。

6．偏移地址设置伪指令

指令格式：ORG n

指令功能：为指令或数据设置由 n 开始的偏移地址。

注意事项：n 的取值范围是 0～65 535。

7．地址计数器伪指令

指令格式：$

指令功能：在汇编程序内，为了指示下一个数据或指令在相应段中的偏移量，汇编程序使用了一个当前位置计数器 $。

3.5.3　DOS 系统功能调用

DOS 为用户提供了很多功能调用，即功能子程序，并将这些功能子程序按顺序编号，这个编号称为功能号，通过功能号调用系统提供的相应功能。DOS 提供的功能主要有基本输入/输出、磁盘读写控制、文件操作及目录管理、内存管理等。

1．DOS 功能调用方式

一般进行 DOS 功能调用前要做三方面的工作。

(1) 设置入口参数。DOS 功能调用一般都是通过 DL/DX 寄存器传送入口参数的，但也有一些功能调用不需要设置入口参数。

(2) 设置功能号。将所需要调用的子程序的功能号送入 AH 寄存器。

(3) 执行软中断指令 INT 21H。该指令将程序控制自动转向相应子程序的入口，并执行 DOS 功能。

2．常用 DOS 功能调用

(1) 带显示的键盘输入 1 号调用。

入口参数：无。

调用方式：MOV AH，　01H

INT 21H

出口参数：AL 中为输入字符 ASCII 码。

功能：等待从键盘输入一个字符，并将输入字符的 ASCII 码送入 AL 寄存器，且在屏幕上显示输入的字符。若输入字符为 Ctrl+Break 组合键时，则中断程序执行，返回 DOS。

(2) 显示字符 2 号调用。

入口参数：DL 寄存器的内容为要显示字符的 ASCII 码。

调用方式：MOV DL 要显示字符的 ASCII 码

MOV AH, 02H

INT 21H

出口参数：无。

功能：将 DL 寄存器中的字符送到显示器输出。

(3) 不带显示的键盘输入(7、8 号调用)。

操作：同 1 号调用。

3.5.4 汇编语言程序设计

1. 顺序结构程序

按指令书写的先后顺序执行的程序称为顺序结构程序，在程序中没有转移、调用等指令。

例 3.42 M、N、W 分别为三个 8 位无符号数，存放在数据段中偏移地址为 DATA 的顺序单元中，求 $Q = M \times N - W$，Q 可放于 AX 中。

解 程序如下：

```
LEA   SI, DATA
MOV   AL, [SI]
MOV   BL, [SI+1]
MUL   BL
MOV   BX, 0
MOV   BL, [SI+2]
SUB   AX, BX
HLT
```

例 3.43 将内存单元(10050H)的压缩 BCD 数转换为非压缩的 ASCII 码形式，分别存入 10051H 和 10052H 单元。

解 程序如下：

```
MOV   AX, 1000H
MOV   DS, AX
MOV   SI, 50H
MOV   AL, [SI]
AND   AL, 0FH
MOV   [SI+1], AL
OR    AL, 30H
MOV   AL, [SI]
MOV   CL, 4
SHR   AL, CL
ADD   AL, 30H
MOV   [SI+2], AL
HLT
```

2. 分支结构程序

分支结构程序是根据某一判断条件的不同结果执行不同程序段的程序设计方法。

例 3.44　求 AX 累加器和 BX 寄存器中两个无符号数之差的绝对值，结果放在内存(2800H)单元中。

解　程序如下：

```
        CMP    AX, BX
        JNC    AA
        XCHG   AX, BX
AA:     SUB    AX, BX
        MOV    [2800H], AX
        HLT
```

例 3.45　取接口 8000H 的数据，若该数不小于 150 时，则向接口 8001H 传送 80H；若该数在 100～149 之间，则向 8001H 传送 40H；若该数在 50～99 之间，则传送 20H；若在 50 以下，则传送 10H。

解　程序如下：

```
        MOV    DX, 8000H
        IN     AL, DX
        CMP    AL, 150
        JNC    P1
        CMP    AL, 100
        JNC    P2
        CMP    AL, 50
        JNC    P3
        MOV    AL, 10H
        JMP    TT
P1:     MOV AL, 80H
        JMP    TT
P2:     MOV AL, 40H
        JMP    TT
P3:     MOV AL, 20H
        TT: MOV    DX, 8001H
        OUT    DX, AL
        HLT
```

3. 循环结构程序

循环结构程序是按给定的条件重复执行一系列指令，直到循环条件不满足为止。循环结构程序有两种，一种是先判断后工作，另一种是先工作后判断。

例 3.46　在以 DATA 为首地址的内存数据段中，存放了 100 个带符号数，试将其中最大和最小的数找出来，分别存放到以 MAX 和 MIN 为首的内存单元中。

解　程序如下：

```
          LEA   SI, DATA
          MOV   CX, 100
          CLD
          LODSW
          MOV   MAX, AX
          MOV   MIN, AX
          DEC   CX
NEXT:     LODSW
          CMP   AX, MAX
          JG    GREATER
          CMP   AX, MIN
          JL    LESS
          JMP   GOON
GREATER:  MOV   MAX, AX
          JMP   GOON
LESS:     MOV   MIN, AX
          GOON: LOOP   NEXT
          HLT
```

4．子程序结构

把经常使用的程序段编写成子程序，可以增强程序的可读性并使程序设计模块化。子程序的调用和返回可用指令 CALL 和 RET 实现，CALL 指令在主程序中，而 RET 指令则在被调用子程序的末尾。另外，由于子程序执行时要用到某些寄存器，而主程序也可能正在使用这些寄存器，所以要考虑现场信息的保护。

例 3.47　编写十六进制数(0-F)转换成 ASCII 码(‘0’-‘F’)的子程序。

解　程序如下：

```
BIN2ASC   PROC
                        ; 要转换的数在 AL 的低 4 位(入口参数)
                        ; 转换结果仍在 AL 中(出口参数)
PUSHF                   ; 保护现场
CMP     AL, 9
JA      A2F
ADD     AL, 30H
JMP     DONE
```

```
A2F:  ADD    AL, 37H
      POPF               ; 恢复现场
DONE: RET
      BIN2ASC   ENDP
```

例 3.48 编写冒泡算法程序。将若干数据两两比较，大数放上面，依次比较完后，最小的数放到了最后面，再将剩余的数按照同样的方法操作，直到最后两个数比较完后，排序完毕。

解 程序如下：

```
    MOV DX, N-1
L1: MOV CX, DX
    LEA SI, BUF
L2: MOV AL, [SI]
    CMP AL, [SI+1]
    JAE L3
    XCHG AL, [SI+1]
    MOV [SI], AL
L3: INC SI
    LOOP L2
    DEC DX
    JNZ L1
```

将排序程序定义为子程序：

```
    SORT   PROC
    PUSH CX
    PUSH DX
    PUSH SI
    PUSH AX
    MOV DX, N-1
L1: MOV CX, DX
    LEA SI, BUF
L2: MOV AL, [SI]
    CMP AL, [SI+1]
    JAE L3
    XCHG AL, [SI+1]
    MOV [SI], AL
L3: INC SI
    LOOP L2
    DEC DX
```

```
    JNZ L1
    POP AX
    POP SI
    POP DX
    POP CX
    RET
    SORT    ENDP
```

排序程序源程序：

```
        CODE    SEGMENT
        ASSUME CS：CODE, DS: CODE
        BUF       DB       20 DUP(?)
        N              EQU       $-BUF
START:   MOV AX, CS
        MOV    DS, AX
        MOV DX, N-1
L1:      MOV CX, DX
        LEA SI, BUF
L2:      MOV AL, [SI]
        CMP AL, [SI+1]
        JAE L3
        XCHG    AL, [SI+1]
        MOV [SI], AL
L3:      INC SI
        LOOP L2
        DEC DX
        JNZ L1
        MOV AH, 4CH
        INT 21H
        CODE     ENDS
        END START
```

习　　题

1. 解释下列名词。

(1) 指令；　(2) 指令系统；　(3) 寻址方式。

2. 8086 的寻址方式有哪几类？哪一种寻址方式的指令执行速度最快？

3. 直接寻址方式中，一般只指出操作数的偏移地址，那么，段地址如何确定？如果要用某个段寄存器指出段地址，指令中应如何表示？

4. 用加法指令设计一个简单程序，实现 2 个 10 位十进制数的相加，结果放在被加数单元。

5. 为什么用增量或减量指令设计程序时，在这类指令后面不用进位标志作为判断依据？

6. 用普通运算指令执行 BCD 码运算时，为什么要进行十进制调整？在对 BCD 码进行加、减、乘、除运算时，程序段的什么位置上必须加上十进制调整指令？

7. 在串操作指令使用时，特别要注意 SI 与 DI 这两个寄存器及方向标志 DF。试就 MOVS，CMPSB/CMPSW，SCASB/SCASW，LODSB /LODSW，STOSB STOSY 等指令具体说明与 SI、DI 及 DF 的关系。

8. 用串操作指令设计实现如下功能的程序段，首先将 300 个数从 1000H 处移到 2000H 处，再从中检索等于 AL 中字符的单元，并将此单元的值换成空格符。

9. 设当前 SS=2010H，SP=FE00H，BX=3457H，计算当前栈顶地址为多少？当执行 PUSH BX 后，栈顶地址和栈顶两个字节的内容分别是什么？

10. 假如在程序的括号中分别填入指令：

(1) LOOP L1；　(2) LOOPNZ L1；　(3) LOOPZ L1。

程序如下：

```
L1： OV AX, 01 MOV      BX, 02
MOV DX, 03 MOV     CX, 04
L1： NC AX
ADD  BX, AX
SHR DX, 1
( )
HLT
```

说明在上述三种情况下，当程序执行后，AX、BX、CX、DX 这 4 个寄存器的内容分别是什么？

11. 编写程序，从长度为 60 的无符号字数组中找出最小的数，存于变量 MIN 中。

12. 编写程序，比较两个字符串是否相同，若相同，显示 YES，否则显示 NO。

13. 编写程序，将从键盘输入的大写字母转换为小写字母。

14. 编写程序，统计数据区中 0、正数、负数的个数，结果分别存放在 C1、C2、C3 中。

第 4 章　半导体存储器

存储器是计算机硬件系统的重要组成部分。有了存储器，计算机才具有“记忆”功能，才能把程序及数据的代码保存起来，使计算机系统脱离人的干预，自动完成信息处理的功能。

4.1　存储系统概述

存储器系统的三项主要性能指标是容量、速度和成本。**存储容量**是存储器系统的首要性能指标，因为存储容量越大，系统能够保存的信息量就越多，相应地计算机系统的功能就越强；**存取速度**直接决定了整个微型计算机系统的运行速度；此外，**存储器成本**也是存储器系统的重要性能指标。

为了在存储器系统中兼顾以上三个方面的指标，计算机系统中通常采用三级存储器结构，即使用高速缓冲存储器、主存储器和辅助存储器，由这三者构成一个统一的存储系统。从整体来看，其速度接近高速缓存的速度，其容量接近辅存的容量，而其成本则接近廉价慢速的辅存平均价格。

4.1.1　存储器分类

1. 按构成存储器的器件和存储介质分类

按构成存储器的器件和存储介质分，存储器主要可分为磁芯存储器、半导体存储器、光电存储器、磁膜、磁泡和其他磁表面存储器以及光盘存储器等。

2. 按存取方式分类

按存取方式分，存储器分为随机存储器、只读存储器两种。

1) 随机存储器 RAM(Random Access Memory)

RAM 又称为随机读写存储器，是能够通过指令随机地对其中各个单元进行读/写操作的一类存储器。按照存放信息原理的不同，随机存储器又可分为静态和动态两种。静态 RAM 是以双稳态元件作为基本的存储单元来保存信息的，因此，其保存的信息在不断电的情况下，是不会被破坏的；而动态 RAM 是靠电容的充、放电原理来存放信息的，由于保存在电容上的电荷会随着时间的流逝而泄漏，因而会使得这种器件中存放的信息丢失，必须定时进行刷新。

2) 只读存储器 ROM(Read Only Memory)

在微机系统的在线运行过程中，只能进行读操作，而不能进行写操作的一类存储器，称为只读存储器。ROM 通常用来存放固定不变的程序、汉字字型库、字符及图形符号等。随着半导体技术的发展，只读存储器也出现了不同的种类，如可编程的只读存储器 PROM(Programmable ROM)，可擦除的可编程的只读存储器 EPROM(Erasible Programmable ROM)和 EEPROM(Electric Erasible Programmable ROM)以及掩膜型只读存储器 MROM (Masked ROM)等，近年来发展起来的快擦型存储器(Flash Memory)具有 EEPROM 的特点。

3. 按在微机系统中位置分类

按在微机系统中的位置，存储器可分为主存储器(内存)、辅助存储器(外存)、缓冲存储器等。

主存储器又称为系统的主存或者内存，位于系统主机的内部，CPU 可以直接对其中的单元进行读/写操作。

缓冲存储器位于主存与 CPU 之间，其存取速度非常快，但存储容量更小，可用来解决存取速度与存储容量之间的矛盾，以提高整个系统的运行速度。

辅助存储器又称外存，位于系统主机的外部，CPU 对其进行的存/取操作必须通过内存才能进行。

另外，根据所存信息是否容易丢失，还可把存储器分成**易失性存储器**和**非易失性存储器**。如半导体存储器(DRAM、SRAM)，停电后信息会丢失，属易失性存储器；而磁带和磁盘等磁表面存储器，属非易失性存储器。

综上所述，存储器分类如图 4.1 所示。

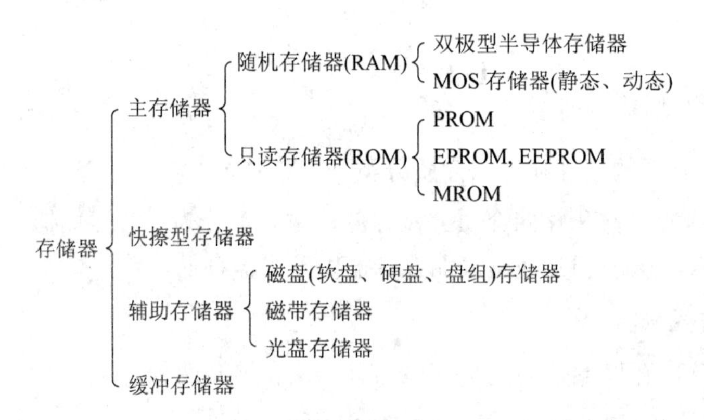

图 4.1 存储器分类

4.1.2 存储器的系统结构

一般情况下，一个存储器系统由以下几部分组成。

1. 基本存储单元

一个基本存储单元可以存放一位二进制信息，其内部具有两个稳定的且相互对立的状态，并能够在外部对其状态进行识别和改变。不同类型的基本存储单元，决定了由其所组成的存储器件的类型不同。

2. 存储体

一个基本存储单元只能保存一位二进制信息，若要存放 M × N 个二进制信息，就需要用 M × N 个基本存储单元，它们按一定的规则排列起来，由这些基本存储单元所构成的阵列称为存储体或存储矩阵。

3. 地址译码器

由于存储器系统是由许多存储单元构成的，每个存储单元一般存放 8 位二进制信息，为了加以区分，我们必须首先为这些存储单元编号，即给这些存储单元分配不同的地址。地址译码器的作用就是接收 CPU 送来的地址信号并对它进行译码，选择与此地址码相对应的存储单元，以便对该单元进行读/写操作。

存储器地址译码有两种方式，通常称为单译码与双译码。

(1) 单译码。单译码方式又称字结构，适用于小容量存储器。

(2) 双译码。在双译码结构中，将地址译码器分成两部分，即行译码器(又叫 X 译码器)和列译码器(又叫 Y 译码器)。X 译码器输出行地址选择信号，Y 译码器输出列地址选择信号。行列选择线交叉处即为所选中的内存单元，这种方式的特点是译码输出线较少。

4. 片选与读/写控制电路

片选信号用于实现芯片的选择。对于一个芯片来说，只有当片选信号有效时，才能对其进行读/写操作。片选信号一般由地址译码器的输出及一些控制信号来形成，而读/写控制电路则用来控制对芯片的读/写操作。

5. I/O 电路

I/O 电路位于系统数据总线与被选中的存储单元之间，用来控制信息的读出与写入，必要时，还可包含对 I/O 信号的驱动及放大处理功能。

6. 集电极开路或三态输出缓冲器

为了扩充存储器系统的容量，常常需要将几片 RAM 芯片的数据线并联使用或与双向数据线相连，这时要用到集电极开路或三态输出缓冲器。

7. 其他外围电路

对于不同类型的存储器系统，有时还需要一些特殊的外围电路，如动态 RAM 中的预充电及刷新操作控制电路等，这也是存储器系统的重要组成部分。

4.2 随机存取存储器

RAM(Random Access Memory)指随机存取存储器，分为静态 RAM 与动态 RAM 两种，其工作特点是：在微机系统的工作过程中，可以随机地对其中的各个存储单元进行读/写

操作。

4.2.1　静态 RAM

1. 基本存储单元

静态 RAM 的基本存储单元是由两个增强型的 NMOS 反相器交叉耦合而成的触发器，每个基本存储单元由六个 MOS 管构成，所以，静态存储电路又称为六管静态存储电路。

图 4.2(a)为六管静态存储单元的原理示意图。其中，T_1、T_2 为控制管，T_3、T_4 为负载管。这个电路具有两个相对的稳定状态，若 T_1 管截止则 A = “1” (高电平)，它使 T_2 管开启，于是 B = “0” (低电平)，而 B = “0” 又进一步保证了 T_1 管的截止。所以，这种状态在没有外触发的条件下是稳定不变的。同样，T_1 管导通即 A = “0” (低电平)，T_2 管截止即 B = “1” (高电平)的状态也是稳定的。因此，可以用这个电路的两个相对稳定的状态来分别表示逻辑“1”和逻辑“0”。

当把触发器作为存储电路时，就要使其能够接收外界来的触发控制信号，用于读出或改变该存储单元的状态，这样就形成了如图 4.2(b)所示的六管基本存储电路。其中，T_5、T_6 为门控管。

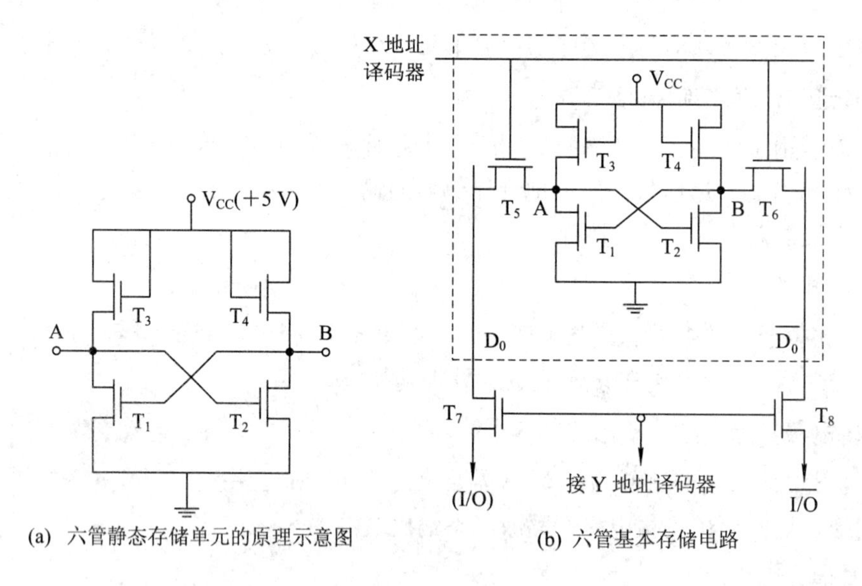

(a) 六管静态存储单元的原理示意图　　(b) 六管基本存储电路

图 4.2　六管静态存储单元

当 X 译码输出线为高电平时，T_5、T_6 管导通，A、B 端分别与位线 D_0 及 $\overline{D_0}$ 相连；若相应的 Y 译码输出也是高电平，则 T_7、T_8 管(它们是一列公用的，不属于某一个存储单元)也是导通的，于是 D_0 及 $\overline{D_0}$ (这是存储单元内部的位线)就与输入/输出电路的 I/O 线及 $\overline{I/O}$ 线相通。

写入操作：写入信号自 I/O 线及 $\overline{I/O}$ 线输入。如要写入“1”，则 I/O 线为高电平而 $\overline{I/O}$ 线为低电平，它们通过 T_7、T_8 管和 T_5、T_6 管分别与 A 端和 B 端相连，使 A = “1”，B = “0”，即强迫 T_2 管导通，T_1 管截止，相当于把输入电荷存储于 T_1 和 T_2 管的栅级。当输入信号及地址选择信号消失之后，T_5、T_6、T_7、T_8 都截止。由于存储单元有电源及负载管，可以不断地向栅极补充电荷，依靠两个反相器的交叉控制，只要不掉电，就能保持写入的信息“1”，而不用再生(刷新)。若要写入“0”，则 $\overline{I/O}$ 线为低电平而 I/O 线为高电平，使 T_1 管导通，T_2 管截止，即 A = “0”，B = “1”。

读操作：只要某一单元被选中，相应的 T_5、T_6、T_7、T_8 均导通，A 点与 B 点分别通过 T_5、T_6 管与 D_0 及 $\overline{D_0}$ 相通，D_0 及 $\overline{D_0}$ 又进一步通过 T_7、T_8 管与 I/O 及 $\overline{I/O}$ 线相通，即将单元的状态传送到 I/O 及 $\overline{I/O}$ 线上。

由此可见，这种存储电路的读出过程是非破坏性的，即信息在读出之后，原存储电路的状态不变。

2. 静态 RAM 存储器芯片 Intel 2114

Intel 2114 是一种 1K × 4 的静态 RAM 存储器芯片，其最基本的存储单元就是六管存储电路，其他的典型芯片有 Intel 6116/6264/62256 等。

1) 芯片的内部结构

如图 4.3 所示，Intel 2114 芯片包括下面几个主要组成部分：

• 存储矩阵：Intel 2114 内部共有 4096 个存储电路，排成 64 × 64 的矩阵形式。

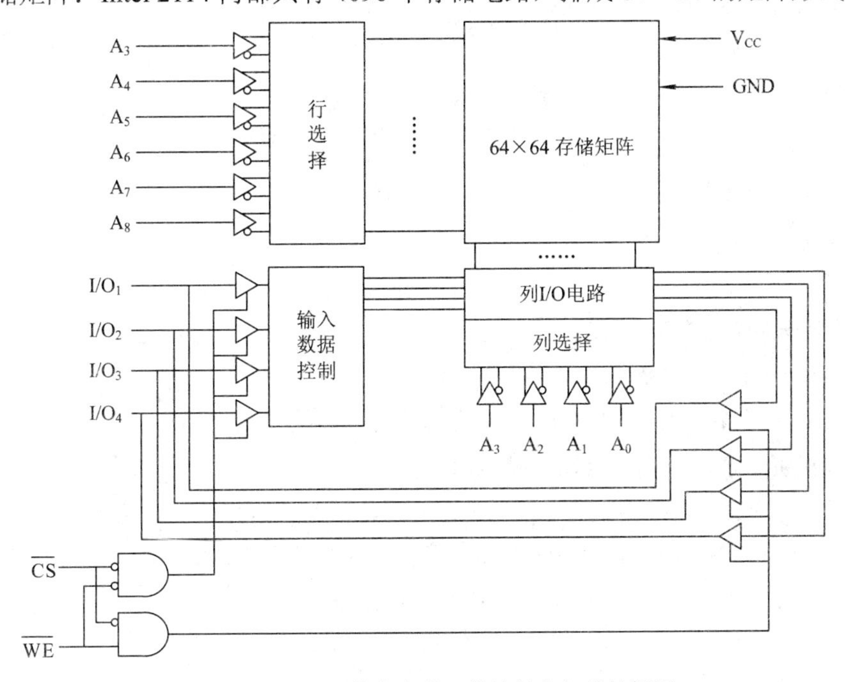

图 4.3　Intel 2114 静态存储器芯片的内部结构框图

• 地址译码器：输入为 10 根线，采用两级译码方式，其中 6 根用于行译码，4 根用于列译码。

• I/O 控制电路：分为输入数据控制电路和列 I/O 电路，用于对信息的输入/输出进行缓冲和控制。

• 片选及读/写控制电路：用于实现对芯片的选择及读/写控制。

2) Intel 2114 的外部结构

Intel 2114 RAM 存储器芯片为双列直插式集成电路芯片，共有 18 个引脚，引脚图如图 4.4 所示，各引脚的功能如下：

- A_0～A_9：10 根地址信号输入引脚。
- $\overline{WE}$：读/写控制信号输入引脚，当 $\overline{WE}$ 为低电平时，使输入三态门导通，信息由数据总线通过输入数据控制电路写入被选中的存储单元；反之从所选中的存储单元读出信息送到数据总线。
- I/O_1～I/O_4：4 根数据输入/输出信号引脚。
- $\overline{CS}$：低电平有效，通常接地址译码器的输出端。
- V_{CC}：电源。
- GND：接地。

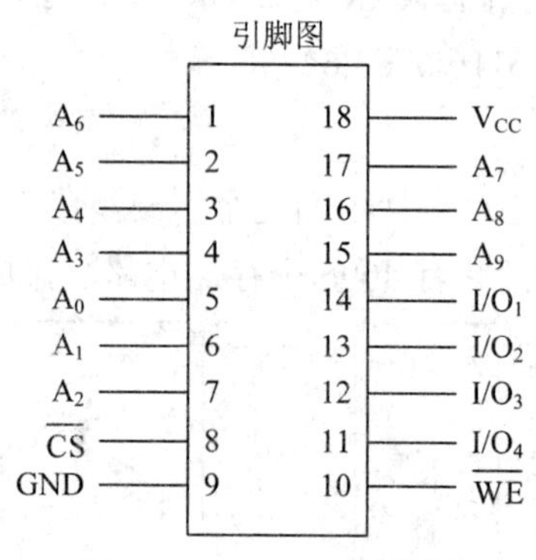

图 4.4　Intel 2114 引脚图

4.2.2　动态 RAM

1．动态 RAM 基本存储单元

静态 RAM 的基本存储单元是一个 RS 触发器，因此，其状态是稳定的，但由于每个基本存储单元需由 6 个 MOS 管构成，就大大地限制了 RAM 芯片的集成度。

如图 4.5 所示是一个动态 RAM 的基本存储单元，它由一个 MOS 管 T_1 和位于其栅极上的分布电容 C_D 构成。当栅极电容 C_D 上充有电荷时，表示该存储单元保存信息“1”。反之，当栅极电容上没有电荷时，表示该单元保存信息“0”。由于栅极电容上的充电与放电是两个对立的状态，因此，它可以作为一种基本的存储单元。

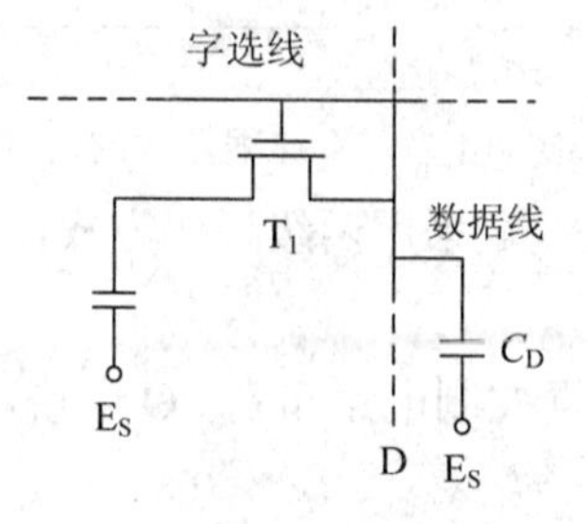

图 4.5　单管动态存储单元

写操作：字选择线为高电平，T_1管导通，写信号通过位线存入电容 C_D 中；

读操作：字选择线仍为高电平，存储在电容 C_D 上的电荷通过 T_1 输出到数据线上，通过读出放大器，即可得到所保存的信息。

刷新：动态 RAM 存储单元实质上是依靠 T_1 管栅极电容的充放电原理来保存信息的。时间一长，电容上所保存的电荷就会泄漏，从而造成信息的丢失。因此，在动态 RAM 的使用过程中，必须及时地向保存“1”的那些存储单元补充电荷，以维持信息的存在。这一过程称为动态存储器的刷新操作。

2. 动态 RAM 存储器芯片 Intel 2164A

Intel 2164A 是一种 64K × 1 的动态 RAM 存储器芯片，它的基本存储单元采用单管存储电路，其他的典型芯片有 Intel 21256/21464 等。

1) Intel 2164A 的内部结构

如图 4.6 所示，Intel 2164A 的主要组成部分如下：

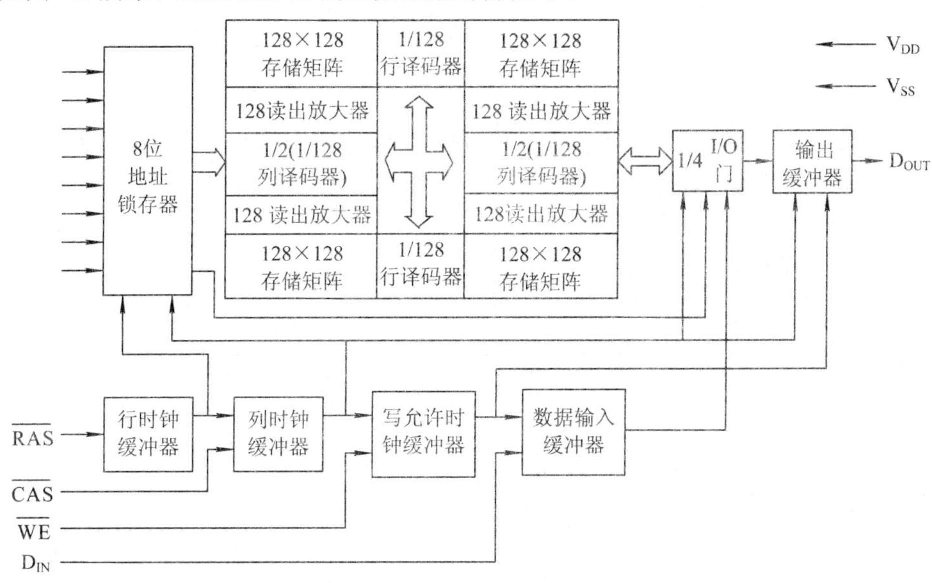

图 4.6　Intel 2164A 内部结构

- 存储体：64K × 1 的存储体由 4 个 128 × 128 的存储阵列构成。
- 地址锁存器：由于 Intel 2164A 采用双译码方式，故其 16 位地址信息要分两次送入芯片内部。由于封装的限制，这 16 位地址信息必须通过同一组引脚分两次接收，因此，在芯片内部有一个能保存 8 位地址信息的地址锁存器。
- 数据输入缓冲器：用于暂存输入的数据。
- 数据输出缓冲器：用于暂存要输出的数据。
- 门电路：由行、列地址信号的最高位控制，能从相应的 4 个存储矩阵中选择一个进行输入/输出操作。
- 行、列时钟缓冲器：用于协调行、列地址的选通信号。
- 写允许时钟缓冲器：用于控制芯片的数据传送方向。

• 128 读出放大器：与 4 个 128 × 128 存储阵列相对应，共有 4 个 128 读出放大器，它们能接收由行地址选通的 4 × 128 个存储单元的信息，经放大后，再写回原存储单元，是实现刷新操作的重要部分。

• 1/128 行、列译码器：分别用来接收 7 位的行、列地址，经译码后，从 128 × 128 个存储单元中选择一个确定的存储单元，以便对其进行读/写操作。

2) Intel 2164A 的外部结构

Intel 2164A 是具有 16 个引脚的双列直插式集成电路芯片，其引脚安排如图 4.7 所示。

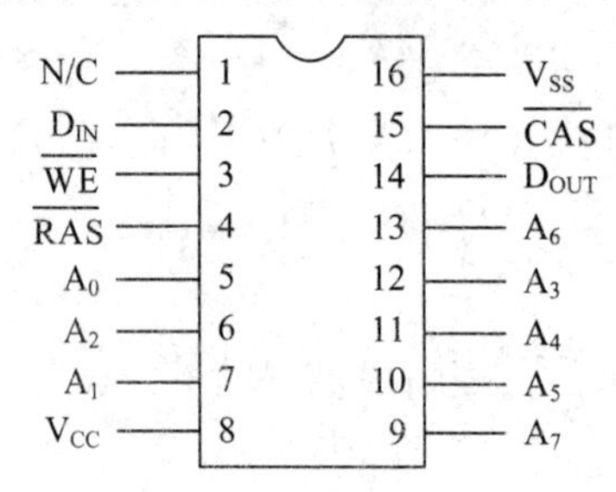

图 4.7　Intel 2164A 引脚

A_0～A_7：地址信号的输入引脚，用来分时接收 CPU 送来的 8 位行、列地址。

$\overline{RAS}$：行地址选通信号输入引脚，低电平有效，兼作芯片选择信号。当 $\overline{RAS}$ 为低电平时，表明芯片当前接收的是行地址。

$\overline{CAS}$：列地址选通信号输入引脚，低电平有效，表明当前正在接收的是列地址(此时 $\overline{RAS}$ 应保持为低电平)。

$\overline{WE}$：写允许控制信号输入引脚，当其为低电平时，执行写操作；否则，执行读操作。

D_{IN}：数据输入引脚。

D_{OUT}：数据输出引脚。

V_{CC}：+5 V 电源引脚。

V_{SS}：接地。

N/C：未用引脚。

3) Intel 2164A 的工作方式与时序

(1) 读操作。

Intel 2164A 的读操作过程中，要接收来自 CPU 的地址信号，经译码选中相应的存储单元后，把其中保存的一位信息通过 D_{OUT} 数据输出引脚送至系统数据总线。

Intel 2164A 的读操作时序如图 4.8 所示。

从时序图中可以看出，读周期是由行地址选通信号 $\overline{RAS}$ 有效开始的，要求行地址要先于 $\overline{RAS}$ 信号有效，并且必须在 $\overline{RAS}$ 有效后再维持一段时间。同样，为了保证列地址的可靠锁存，列地址也应领先于列地址锁存信号 $\overline{CAS}$ 有效，且列地址也必须在 $\overline{CAS}$ 有效后再保持一段时间。

要从指定的单元中读取信息，必须在 $\overline{RAS}$ 有效后使 $\overline{CAS}$ 也有效。由于从 $\overline{RAS}$ 有效起到指定单元的信息读出送到数据总线上需要一定的时间，因此，存储单元中信息读出的时间就与 $\overline{CAS}$ 开始有效的时刻有关。

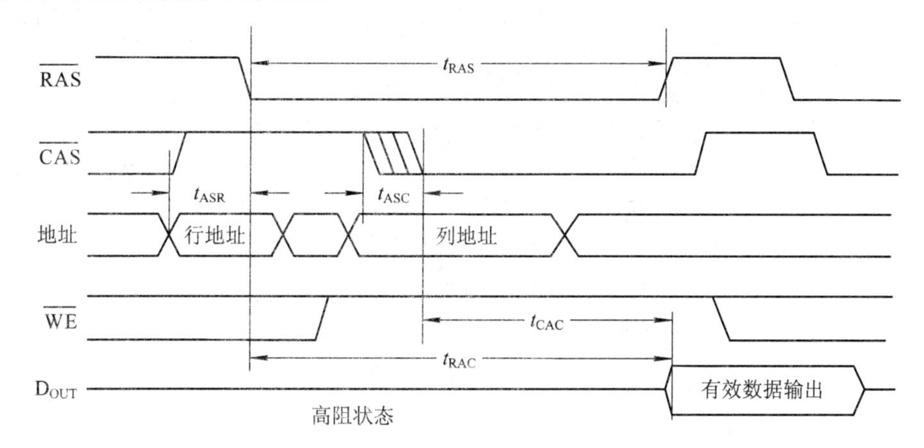

图 4.8　Intel 2164A 读操作的时序

存储单元中信息的读写，取决于控制信号 $\overline{WE}$。为实现读出操作，要求 $\overline{WE}$ 控制信号无效，且必须在 $\overline{CAS}$ 有效前变为高电平。

(2) 写操作。

Intel 2164A 的写操作过程中，同样要通过地址总线接收 CPU 发来的行、列地址信号，选中相应的存储单元后，把 CPU 通过数据总线发来的数据信息，保存到相应的存储单元中去。Intel 2164A 的写操作时序如图 4.9 所示。

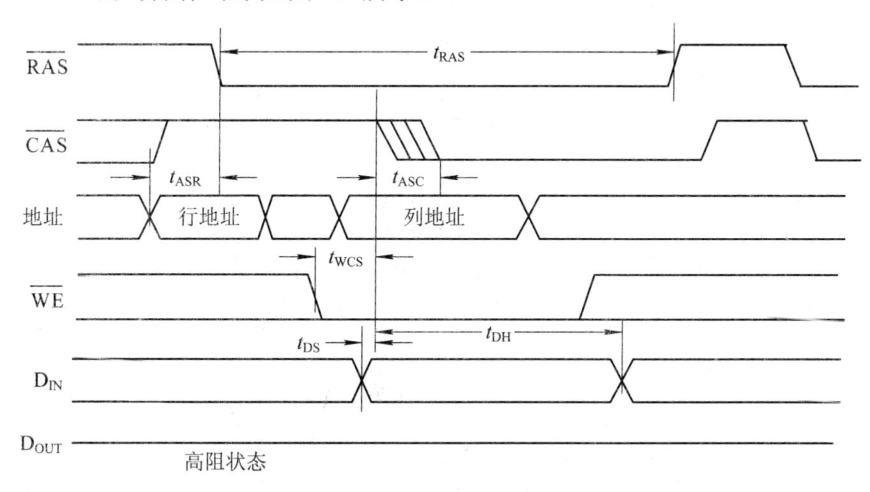

图 4.9　Intel 2164A 写操作的时序

(3) 读—修改—写操作。

这种操作的性质类似于读操作与写操作的组合，但它并不是简单地由两个单独的读周期与写周期组合起来，而是在 $\overline{RAS}$ 和 $\overline{CAS}$ 同时有效的情况下，由 $\overline{WE}$ 信号控制，先实现读出，待修改之后，再实现写入，其操作时序如图 4.10 所示。

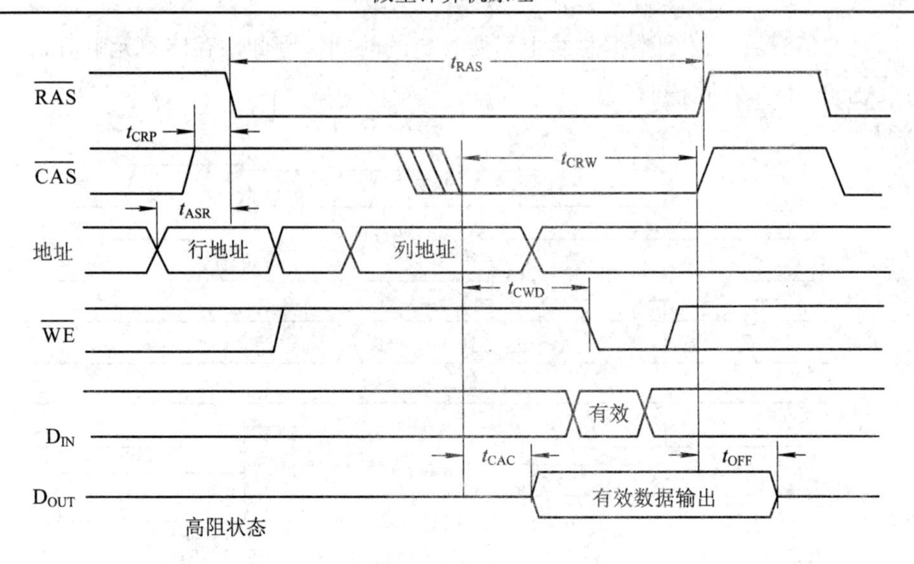

图 4.10　Intel 2164A 读—修改—写操作的时序

(4) 刷新操作。

Intel 2164A 内部有 4 × 128 个读出放大器，在进行刷新操作时，芯片只接收从地址总线上发来的行地址(其中 A_7 不起作用)，由 A_0～A_6 共 7 根行地址线在 4 个存储矩阵中各选中一行，共 4 × 128 个单元，分别将其中所保存的信息输出到 4 × 128 个读出放大器中，经放大后，再写回到原单元，即可实现 512 个单元的刷新操作。这样，经过 128 个刷新周期即可完成整个存储体的刷新，其操作时序如图 4.11 所示。

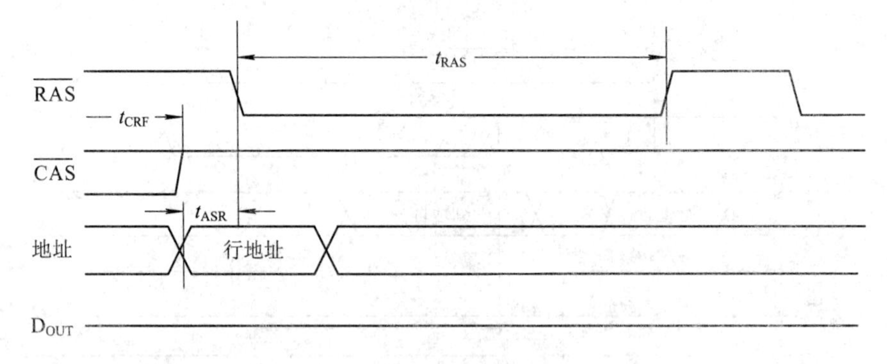

图 4.11　Intel 2164A 有效刷新操作的时序

(5) 数据输出。

数据输出具有三态缓冲器，它由 $\overline{CAS}$ 控制，当 $\overline{CAS}$ 为高电平时，输出 D_{out} 呈高阻抗状态，在各种操作时的输出状态有所不同。

(6) 页模式操作。

在页模式下，维持行地址不变($\overline{RAS}$ 不变)，由连续的 $\overline{CAS}$ 脉冲对不同的列地址进行锁存，并读出不同列的信息，而 $\overline{RAS}$ 脉冲的宽度有一个最大的上限值。在页模式操作时，可以实现存储器读、写以及读—修改—写等操作。

4.3　只读存储器

只读存储器(ROM)是指在微机系统的在线运行过程中，只能对其进行读操作，而不能进行写操作的一类存储器。随着技术的不断发展变化，ROM 器件也产生了掩膜 ROM、PROM、EPROM、EEPROM 等各种不同类型。

4.3.1　掩膜 ROM

如图 4.12 所示，是一个简单的 4 × 4 位的 MOS ROM 存储阵列，采用单译码方式。这时，有两位地址输入，经译码后，输出四条字选择线，每条字选择线选中一个字，此时位线的输出即为这个字的每一位。

此时，若有管子与其相连(如位线 1 和位线 4)，则相应的 MOS 管就导通，这些位线的输出就是低电平，表示逻辑“0”；而没有管子与其相连的位线(如位线 2 和位线 3)，则输出就是高电平，表示逻辑“1”。

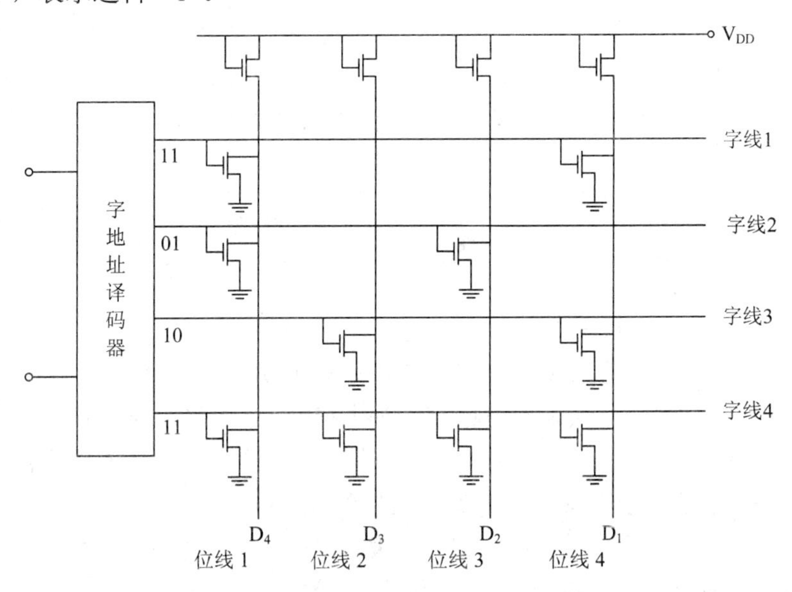

图 4.12　简单的 4 × 4 位的 MOS ROM 存储阵列

4.3.2　可编程 ROM

掩膜 ROM 的存储单元在生产完成之后，所保存的信息就已经固定下来了，这给使用者带来了不便。为了解决这个矛盾，设计制造了一种可由用户通过简易设备写入信息的 ROM 器件，即可编程 ROM，又称为 PROM。

PROM 的类型有多种，我们以二极管破坏型 PROM 为例来说明其存储原理。这种 PROM 存储器在出厂时，存储体中每条字线和位线的交叉处都是两个反向串联的二极管的 PN 结，字线与位线之间不导通，这就意味着该存储器中所有的存储内容均为“0”。如果用户需要

写入程序，则需要通过专门的 PROM 写入电路，产生足够大的电流把要写入“1”的那个存储位上的二极管击穿，使得这个 PN 结短路，只剩下顺向的二极管跨连字线和位线，这时，此位就意味着写入了“1”。读出的操作同掩膜 ROM。

除此之外，还有一种熔丝式 PROM，用户编程时，通过专用写入电路产生脉冲电流，来烧断指定的熔丝，以达到写入“1”的目的。

对 PROM 来讲，这个写入的过程称为固化程序。由于击穿的二极管不能再正常工作，烧断后的熔丝不能再接上，所以这种 ROM 器件只能固化一次程序，数据写入后，就不能再改变了。

4.3.3　可擦除可编程 ROM

1．基本存储电路

可擦除可编程 ROM 又称为 EPROM，其基本存储单元的结构和工作原理如图 4.13 所示。

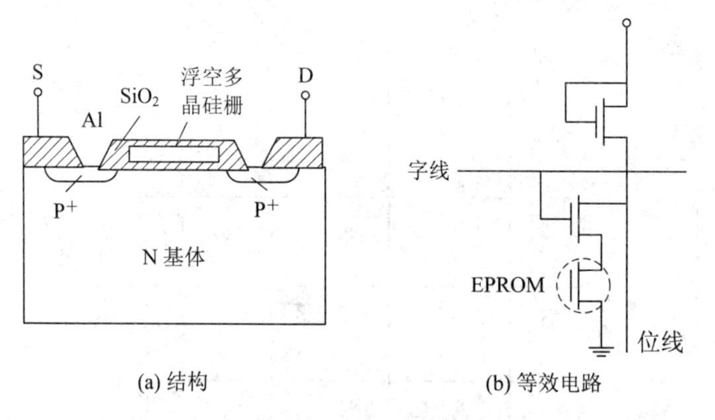

(a) 结构　　(b) 等效电路

图 4.13　P 沟道 EPROM 结构示意图

与普通的 P 沟道增强型 MOS 电路相似，这种 EPROM 电路在 N 型的基片上扩展了两个高浓度的 P 型区，分别引出源极(S)和漏极(D)，在源极与漏极之间有一个由多晶硅做成的栅极，但它是浮空的，被绝缘物 SiO_2 所包围。在芯片制作完成时，每个单元的浮动栅极上都没有电荷，所以管子内没有导电沟道，源极与漏极之间不导电，其相应的等效电路如图 4.13(b)所示，此时表示该存储单元保存的信息为“1”。

向该单元写入信息“0”时，在漏极和源极之间加上 +25 V 的电压，同时加上编程脉冲信号(宽度约为 50 ns)，所选中的单元在这个电压的作用下，漏极与源极之间被瞬时击穿，就会有电子通过 SiO_2 绝缘层注入浮动栅。去除高压电源之后，因为浮动栅被 SiO_2 绝缘层包围，所以注入的电子无泄漏通道，浮动栅为负，就形成了导电沟道，从而使相应的单元导通，此时说明将 0 写入该单元。

清除存储单元中所保存的信息时，必须用一定波长的紫外光照射浮动栅，使负电荷获取足够的能量，摆脱 SiO_2 的包围，以光电流的形式释放掉，这时，原来存储的信息也就不存在了。

由这种存储单元所构成的 ROM 存储器芯片，在其上方有一个石英玻璃的窗口，紫外线正是通过这个窗口来照射其内部电路而擦除信息的，一般擦除信息需用紫外线照射 15～20 分钟。

2. EPROM 芯片 Intel 2716

Intel 2716 是一种 2K × 8 的 EPROM 存储器芯片，双列直插式封装，有 24 个引脚，其最基本的存储单元就是带有浮动栅的 MOS 管，其他的典型芯片有 Intel 2732/27128/27512 等。

1) 芯片的内部结构

Intel 2716 存储器芯片的内部结构框图如图 4.14(b)所示，其主要组成部分包括：

• 存储阵列：Intel 2716 存储器芯片的存储阵列由 2K × 8 个带有浮动栅的 MOS 管构成，共可保存 2K × 8 位二进制信息。

• X 译码器：又称为行译码器，可对 7 位行地址进行译码。

• Y 译码器：又称为列译码器，可对 4 位列地址进行译码。

• 输出允许、片选和编程逻辑：实现片选及控制信息的读/写。

• 数据输出缓冲器：实现对输出数据的缓冲。

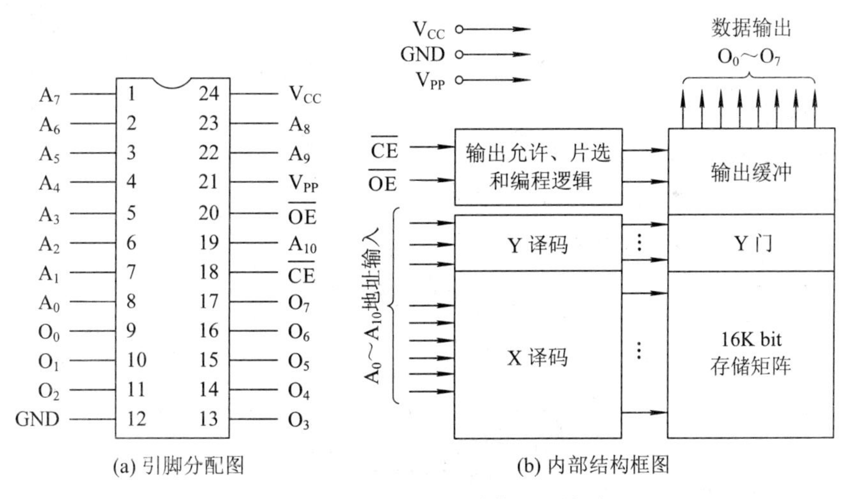

图 4.14　Intel 2716 的内部结构及引脚分配

2) 芯片的外部结构

Intel 2716 具有 24 个引脚，其引脚分配如图 4.14(a)所示，各引脚的功能如下：

A_{10}～A_0：地址信号输入引脚，可寻址芯片的 2K 个存储单元。

O_7～O_0：双向数据信号输入/输出引脚。

$\overline{CE}$：片选信号输入引脚，低电平有效，只有当该引脚转入低电平时，才能对相应的芯片进行操作。

$\overline{OE}$：数据输出允许控制信号引脚，输入，低电平有效，用于允许数据输出。

V_{CC}：+5 V 电源，用于在线的读操作。

V_{PP}：+25 V 电源，用于在专用装置上进行写操作。

GND：接地。

3) Intel 2716 的工作方式与操作时序

读方式是 Intel 2716 连接在微机系统中的主要工作方式。在读操作时，片选信号 $\overline{CE}$ 应为低电平，输出允许控制信号 $\overline{OE}$ 也为低电平，其时序波形如图 4.15 所示。

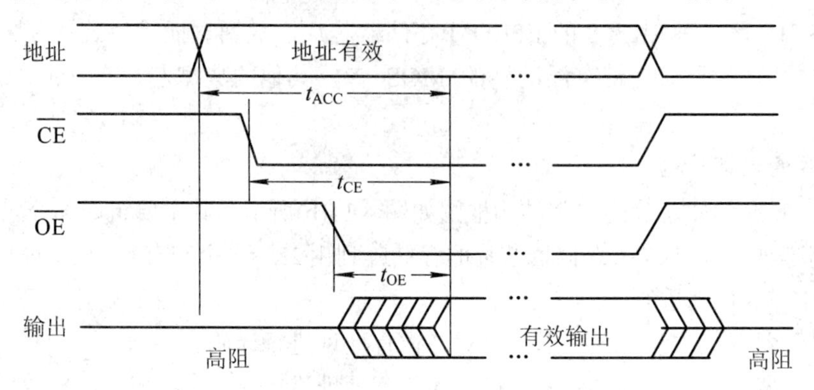

图 4.15　Intel 2716 读时序波形

读周期由地址有效开始，经时间 t_{ACC} 后，所选中单元的内容就可由存储阵列中读出，但能否送至外部的数据总线，还取决于片选信号 $\overline{CE}$ 和输出允许信号 $\overline{OE}$。时序中规定，必须从 $\overline{CE}$ 有效经过 t_{CE} 时间以及从 $\overline{OE}$ 有效经过时间 t_{OE}，芯片的输出三态门才能完全打开，数据才能送到数据总线。

除了读方式外，2716 还有如下工作方式：禁止方式、备用方式、写入方式、校核方式、编程方式，本书不对这些方式作进一步介绍。

3. 电可擦除可编程序的 ROM

电可擦除可编程序的 ROM 也称为 EEPROM，即 E^2PROM。E^2PROM 的结构示意图如图 4.16 所示。

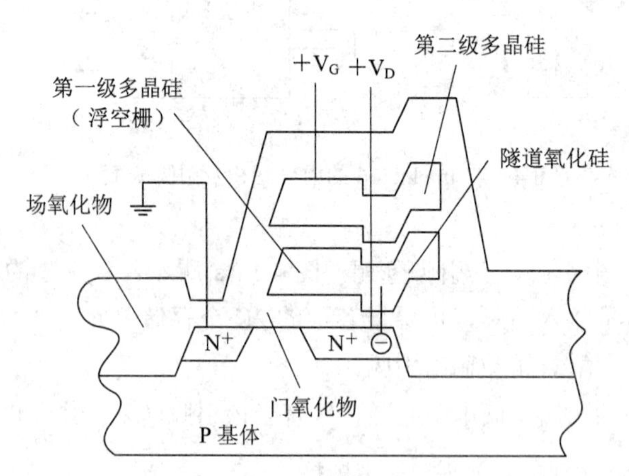

图 4.16　E^2PROM 结构

E^2PROM 管的工作原理与 EPROM 类似，当浮动栅上没有电荷时，管子的漏极和源极之间不导电，若设法使浮动栅带上电荷，则管子就导通。在 E^2PROM 中，使浮动栅带上电荷和消去电荷的方法与 EPROM 是不同的。在 E^2PROM 中，漏极上面增加了一个隧道二极管，它在第二级多晶硅与漏极之间的电压 V_G 的作用下(在电场的作用下)，可以使电荷通过它流向浮动栅(即起编程作用)；若 V_G 的极性相反也可以使电荷从浮动栅流向漏极(起擦除作用)，而编程与擦除所用的电流是极小的，用极普通的电源就可供给 V_G。

E^2PROM 的优点是：擦除可以按字节分别进行(不像 EPROM，擦除时把整个芯片的内容全变成“1”)。由于字节的编程和擦除都只需要 10 ms，并且不需特殊装置，因此可以进行在线的编程写入。常用的典型 E^2PROM 芯片有 2816/2817/2864 等。

4．快擦型存储器(Flash Memory)

快擦型存储器是不用电池供电的、高速耐用的非易失性半导体存储器，它以性能好、功耗低、体积小、重量轻等特点活跃于便携机存储器市场，但价格较贵。

快擦型存储器具有 E^2PROM 的特点，又可在计算机内进行擦除和编程，其读取时间与 DRAM 相似，而写时间与磁盘驱动器相当。快擦型存储器有 5 V 或 12 V 两种供电方式，对于便携机来讲，用 5 V 电源更为合适。快擦型存储器操作简便，编程、擦除、校验等工作均已编成程序，可由配有快擦型存储器系统的中央处理机予以控制。

快擦型存储器可替代 E^2PROM，在某些应用场合还可取代 SRAM，尤其是对于需要配备电池后援的 SRAM 系统，使用快擦型存储器后可省去电池。快擦型存储器的非易失性和快速读取的特点，能满足固态盘驱动器的要求，同时，可替代便携机中的 ROM，以便随时写入最新版本的操作系统。快擦型存储器还可应用于激光打印机、条形码阅读器、各种仪器设备以及计算机的外部设备中。典型的芯片有 27F256/28F016/28F020 等。

4.4　存储器部件的组成与连接

微机系统的规模、应用场合不同，对存储器系统的容量、类型的要求也必不相同。一般情况下，需要用不同类型、不同规格的存储器芯片，通过适当的硬件连接来构成所需要的存储器系统。

4.4.1　存储器芯片与 CPU 的连接

在微型系统中，CPU 对存储器进行读写操作，首先要由地址总线给出地址信号，选择要进行读/写操作的存储单元，然后通过控制总线发出相应的读/写控制信号，最后才能在数据总线上进行数据交换。所以，存储器芯片与 CPU 之间的连接，实质上就是其与系统总线的连接，包括地址线的连接、数据线的连接、控制线的连接。

在连接中要考虑的问题主要有以下几个方面。

1．CPU 总线的负载能力

在设计 CPU 芯片时，一般考虑其输出线的直流负载能力，因为需要带一个 TTL 负载。现在的存储器一般都为 MOS 电路，直流负载很小，主要的负载是电容负载，故在小型系

统中，CPU 是可以直接与存储器相连的，而较大的系统中，若 CPU 的负载能力不能满足要求，可以考虑在 CPU 与负载间加上缓冲器，由缓冲器的输出再带负载。

2．CPU 的时序和存储器的存取速度之间的配合

CPU 在取指和存储器读或写操作时是有固定时序的，用户要根据这些来确定对存储器存取速度的要求，或在存储器已经确定的情况下，考虑是否需要 T_W 周期，以及如何实现。

3．存储器的地址分配和片选

内存通常分为 RAM 和 ROM 两大部分，而 RAM 又分为系统区(即机器的监控程序或操作系统占用的区域)和用户区，用户区又要分成数据区和程序区，ROM 的分配也类似，所以内存的地址分配是一个重要的问题。另外，目前生产的存储器芯片，单片的容量仍然是有限的，通常要由许多片才能组成一个存储器，这里就有一个如何产生片选信号的问题。

4．控制信号连接

CPU 在与存储器交换信息时，通常有以下几个控制信号(对 8088/8086 来说)：$\overline{IO}$/M(IO/$\overline{M}$)、$\overline{RD}$、$\overline{WR}$ 和 WAIT 信号。应考虑这些信号如何与存储器要求的控制信号相连，以实现所需的控制功能。

5．译码方式

1) 全地址译码方式

全地址译码方式是指用全部的高位地址信号作为译码信号，使存储器芯片的每一个存储单元唯一地占据内存空间的一个地址(即利用地址总线的所有地址线来唯一地决定存储器芯片的一个单元)。

例 4.1　图 4.17 中 6264 的地址范围为 F0000H～F1FFFH(共 8 KB)。

其中，由 A_0～A_{12} 选定芯片内部的每个单元；由 A_{13}～A_{19} 决定芯片在内存空间中的位置。

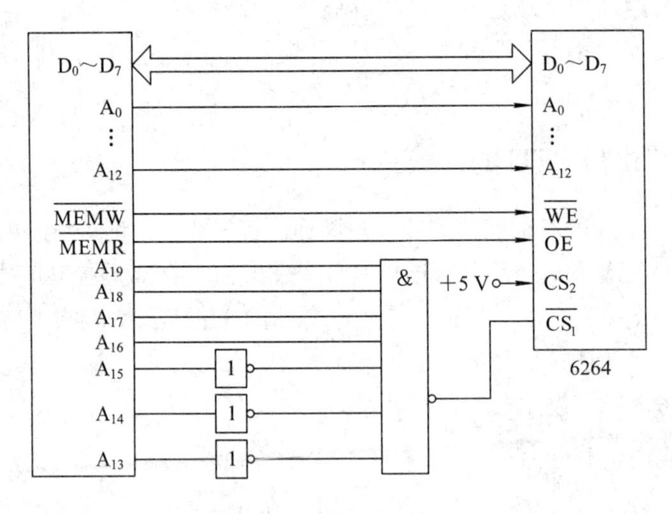

图 4.17　6264 连接图

2) 部分地址译码方式

部分地址译码方式是指决定存储器芯片的存储单元时并没有利用地址总线上的全部地址，而是利用了地址信号的一部分，使得被选中的存储器芯片占有几组不同的地址范围。

4.4.2　存储器芯片的扩展

1. 存储器芯片的位扩充

位扩充适用于存储器芯片的容量满足存储器系统的要求，但其字长小于存储器系统要求的场合。

例 4.2　用 1K × 4 的 2114 芯片构成 1K × 8 的存储器系统。

分析　由于每个芯片的容量为 1K，故满足存储器系统的容量要求。但由于每个芯片只能提供 4 位数据，故需用 2 片这样的芯片，它们分别提供 4 位数据至系统的数据总线，以满足存储器系统的字长要求。

设计要点

- 将每个芯片的 10 位地址线按引脚名称一一并联，按次序逐根接至系统地址总线的低 10 位。
- 数据线按芯片编号连接，1 号芯片的 4 位数据线依次接至系统数据总线的 D_0～D_3，2 号芯片的 4 位数据线依次接至系统数据总线的 D_4～D_7。
- 两个芯片的 $\overline{WE}$ 端并在一起后接至系统控制总线的存储器写信号(如果 CPU 为 8086/8088，也可由 $\overline{WR}$ 和 $\overline{IO}$/M 或 IO/$\overline{M}$ 的组合来承担)。
- $\overline{CS}$ 引脚也分别并联后接至地址译码器的输出，而地址译码器的输入则由系统地址总线的高位来承担。

具体连线如图 4.18 所示。当存储器工作时，系统根据高位地址的译码同时选中两个芯片，而地址码的低位也同时到达每一个芯片，从而选中它们的同一个单元。在读/写信号的作用下，两个芯片的数据同时读出，并送上系统数据总线，产生一个字节的输出，或者同时将来自数据总线上的字节数据写入存储器。

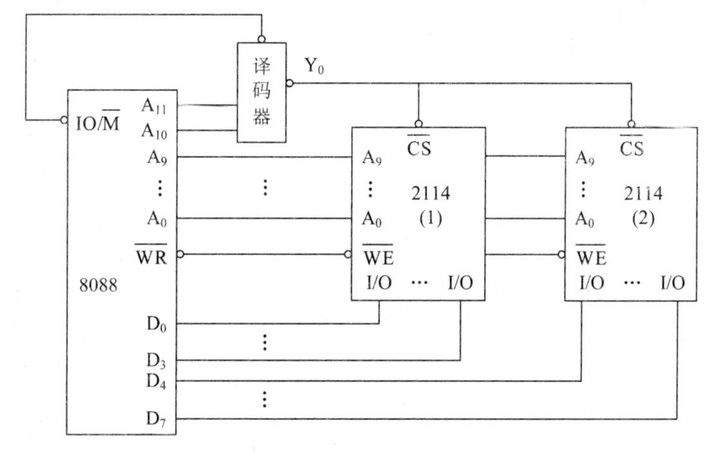

图 4.18　用 2114 组成 1K × 8 的存储器连线

根据硬件连线图，我们还可以进一步分析出该存储器的地址分配范围如下(假设只考虑16 位地址)：

地		址		码				芯片的地址范围
A_{15}	…	A_{12}	A_{11}	A_{10}	A_9	…	A_0	
×		×	0	0	0	…	0	0000H
		⋮						⋮
		⋮						⋮
×		×	0	0	1		1	03FFH

注：× 表示可以任选值，在这里我们均选 0。

这种扩展存储器的方法就称为位扩展，它可以适用于多种芯片，如可以用 8 片 2164A 组成一个 64K × 8 的存储器等。

2．存储器芯片的字扩充

字扩充适用于存储器芯片的字长符合存储器系统的要求，但其容量太小的场合。

例 4.3 用 2K × 8 的 2716A 存储器芯片组成 8K × 8 的存储器系统。

分析 由于每个芯片的字长为 8 位，故满足存储器系统的字长要求。但由于每个芯片只能提供 2K 个存储单元，故需用 4 片这样的芯片以满足存储器系统的容量要求。

设计要点 同位扩充方式相似。

- 先将每个芯片的 11 位地址线按引脚名称一一并联，然后按次序逐根接至系统地址总线的低 11 位。
- 将每个芯片的 8 位数据线依次接至系统数据总线的 D_0～D_7。
- 两个芯片的 $\overline{OE}$ 端并在一起后接至系统控制总线的存储器读信号(这样连接的原因同位扩充方式)。
- 它们的 $\overline{CS}$ 引脚分别接至地址译码器的不同输出，地址译码器的输入则由系统地址总线的高位来承担。

具体连线如图 4.19 所示。

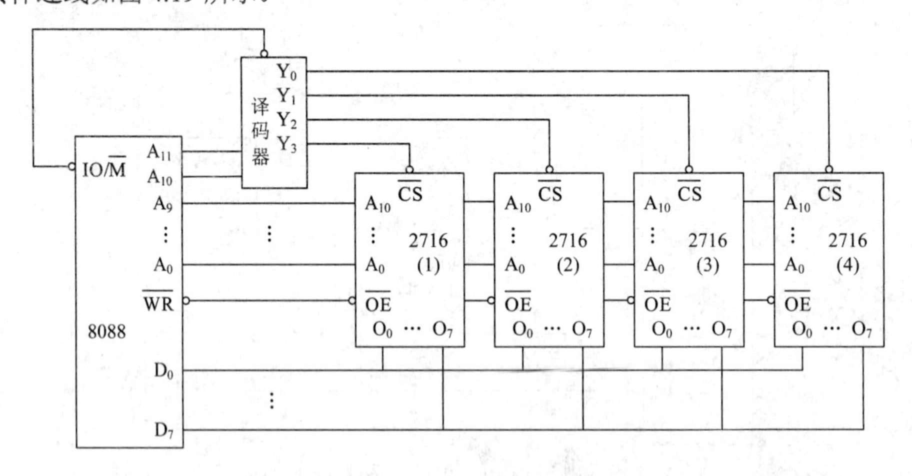

图 4.19 用 2716 组成 8K × 8 的存储器连线

当存储器工作时，根据高位地址的不同，系统通过译码器分别选中不同的芯片，低位地址码则同时到达每一个芯片，选中它们的相应单元。在读信号的作用下，选中芯片的数据被读出，送上系统数据总线，产生一个字节的输出。

同样，根据硬件连线图，进一步分析得出该存储器的地址分配范围如下(假设只考虑 16 位地址)：

地址码							芯片的地址范围	对应芯片编号
A_{15}	… A_{13}	A_{12}	A_{11}	A_{10}	A_9 …	A_0		
×	×	0	0	0	0	0	0000H	
	:						:	2716-1
×	×	0	0	1	1	1	07FFH	
×	×	0	1	0	0	0	0800H	
	:						:	2716-2
×	×	0	1	1	1	1	0FFFH	
×	×	1	0	0	0	0	1000H	
	:						:	2716-3
×	×	1	0	1	1	1	17FFH	
×	×	1	1	0	0	0	1800H	
	:						:	2716-4
×	×	1	1	1	1	1	1FFFH	

注：× 表示可以任选值，在这里我们均选 0。

这种扩展存储器的方法就称为字扩展，它同样可以适用于多种芯片，如可以用 8 片 27128(16K × 8)组成一个 128K × 8 的存储器等。

3. 同时进行位扩充与字扩充

同时字扩充与位扩充适用场合：存储器芯片的字长和容量均不符合存储器系统的要求，这时就需要用多片这样的芯片同时进行位扩充和字扩充，以满足系统的要求。

例 4.4　用 1K × 4 的 2114 芯片组成 2K × 8 的存储器系统。

分析　由于芯片的字长为 4 位，因此首先需用采用位扩充的方法，用两片芯片组成 1K × 8 的存储器。再采用字扩充的方法来扩充容量，使用两组经过上述位扩充的芯片组来完成。

设计要点　每个芯片的 10 根地址信号引脚接至系统地址总线的低 10 位，每组两个芯片的 4 位数据线分别接至系统数据总线的高/低四位。地址码的 A_{10}、A_{11} 经译码后的输出，分别作为两组芯片的片选信号，每个芯片的 $\overline{WE}$ 控制端直接接到 CPU 的读/写控制端上，以实现对存储器的读/写控制。硬件连线如图 4.20 所示。

当存储器工作时，根据高位地址的不同，系统通过译码器分别选中不同的芯片组，低位地址码则同时到达每一个芯片组，选中它们的相应单元。在读/写信号的作用下，选中芯片组的数据被读出，送上系统数据总线，产生一个字节的输出，或者将来自数据总线上的字节数据写入芯片组。

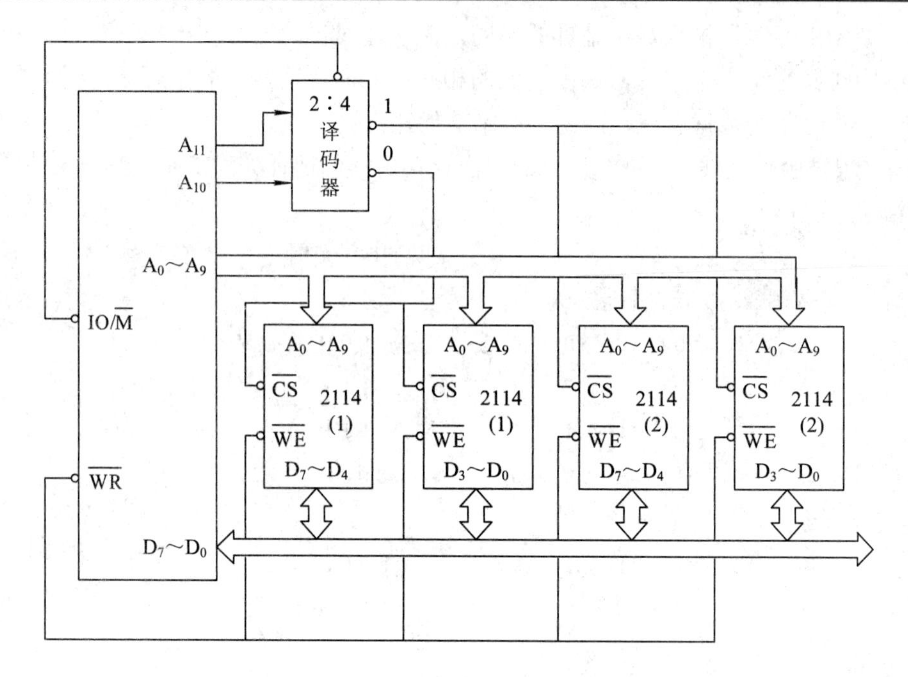

图 4.20　用 2114 组成 2K × 8 的存储器连线

同样，根据硬件连线图，进一步分析可得出该存储器的地址分配范围如下(假设只考虑 16 位地址)：

地		址	码						芯片组的地址范围	对应芯片组编号
A_{15}	…	A_{13}	A_{12}	A_{11}	A_{10}	A_9	…	A_0		
×		×	×	0	0	0		0	0000H	
				：					：	2114(1)
×		×	×	0	0	1		1	03FFH	
×		×	×	0	1	0		0	0400H	
				：					：	2114(2)
×		×	×	0	1	1		1	07FFH	

× 表示可以任选值，在这里我们均选 0。

例 4.5　一个存储器系统包括 2K RAM 和 8K ROM，分别用 1K × 4 的 2114 芯片和 2K × 8 的 2716 芯片组成。要求 ROM 的地址从 1000H 开始，RAM 的地址从 3000H 开始，完成硬件连线及相应的地址分配表。

分析　该存储器的设计可以参考本节的例 4.3 和例 4.4。所不同的是，要根据题目的要求，按规定的地址范围，设计各芯片或芯片组片选信号的连接方式。整个存储器的硬件连线如图 4.21 所示。

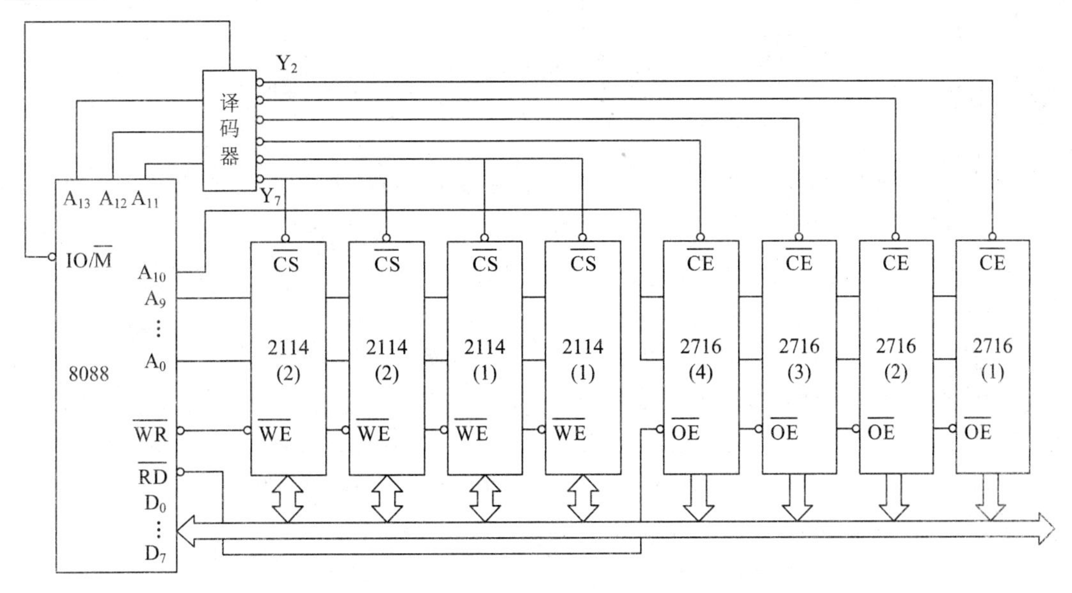

图 4.21　2K RAM 和 8K ROM 存储器系统连线图

根据硬件连线图，可以分析得出该存储器的地址分配范围如下(假设只考虑 16 位地址)：

地址码								芯片的地址范围	对应芯片编号
A_{15}	A_{14}	A_{13}	A_{12}	A_{11}	A_{10}	A_9	… A_0		
0	0	0	1	0	0	0	0	1000H	
		⋮					⋮		2716-1
0	0	0	1	0	1	1	1	17FFH	
0	0	0	1	1	0	0	0	1800H	
		⋮					⋮		2716-2
0	0	0	1	1	1	1	1	1FFFH	
0	0	1	0	0	0	0	0	2000H	
		⋮					⋮		2716-3
0	0	1	0	0	1	1	1	27FFH	
0	0	1	0	1	0	0	0	2800H	
		⋮					⋮		2716-4
0	0	1	0	1	1	1	1	2FFFH	
0	0	1	1	0	0	0	0	3000H	
		⋮					⋮		2114-1
0	0	1	1	0	0	1	1	33FFH	
0	0	1	1	1	0	0	0	3800H	
		⋮					⋮		2114-2
0	0	1	1	1	0	1	1	3BFFH	

习　题

1. 计算机的内存有什么特点，内存有哪些类，外存一般指哪些设备，外存有什么特点？

2. 用基本存储电路组成内存时，为什么总是采用矩阵形式？试用一个具体的例子说明。

3. 为了节省存储器的地址译码电路，一般采用哪些方法？

4. RAM 与 CPU 进行连接时，需要考虑哪些因素？

5. 什么是全地址译码，什么是部分地址译码，各有什么特点？

6. 由存储芯片构成存储器时，怎样确定需要多少芯片，如何进行分组，地址空间如何确定？

7. 静态 RAM 芯片上为什么往往只有写信号而没有读信号，怎样才能发出读控制信号？

8. 写出下列容量的芯片片内的地址线和数据线的条数。

(1) 512K × 4 位；(2) 64K × 1 位。

9. 用下列芯片构成存储系统，各需要多少个 RAM 芯片，分别采用部分地址译码方式和全地址译码方式，则片内地址线条数和片外地址线条数各为多少？

(1) 用 512 × 4 位 RAM 构成 8K × 8 位的存储系统；

(2) 用 1024 × 1 位 RAM 构成 32K × 8 位的存储系统。

10. 用 2114 芯片构成 2K × 8 位的 RAM，采用部分地址译码方式，画出连线图，并确定地址空间。

11. 用 2K × 1 位的存储芯片构成 2K × 8 位 RAM，采用部分地址译码方式，画出连线图，并确定地址空间。

12. 用 4K × 8 位的存储芯片构成 16K × 8 位 RAM，采用全地址译码方式，画出连线图，并确定地址空间。

13. 一个存储系统有 4K × 8 位的 RAM 和 2K × 8 位的 ROM，假设采用 1K × 8 位的 RAM 和 ROM 芯片构成该存储系统。采用全地址译码方式，画出连线图，并确定地址空间。

14. 动态 RAM 工作时有什么特点，和静态 RAM 相比，动态 RAM 有什么长处，有什么不足之处，动态 RAM 一般用在什么场合？

15. 动态 RAM 为什么要进行刷新，刷新过程和读操作进程有什么差别？

16. ROM、PROM、EPROM 各有什么不同，分别用在什么场合？

第 5 章　输入/输出接口技术

输入/输出是计算机与外部世界进行信息交换不可缺少的手段，在整个计算机系统中占有极其重要的地位。没有输入/输出，计算机将变得毫无意义。由于外部设备种类繁多，则要求输入或输出的信号形式、电平、速率等也千差万别。因此，CPU 总是通过接口和外部设备连接的。

5.1　概　　述

5.1.1　外设接口定义

外设接口用于主机和 I/O 设备之间传递信息的交换部件，对内要符合计算机主机定义的系统总线的标准，对外要满足形形色色不同种类的 I/O 设备的要求；是计算机系统与外部设备交换信息的桥梁，起着沟通、协调两者关系的作用。

5.1.2　外设接口的一般结构

如图 5.1 所示，外设接口通常含有数据端口、状态端口、控制端口，分别用于存放数据信息、状态信息、控制信息。

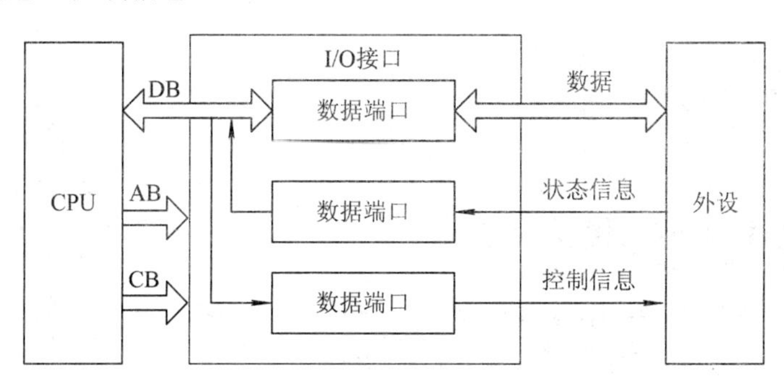

图 5.1　一个简单的外设接口

1. 数据信息

按一次传送数据的位数，数据信息的传送方式分为并行传送和串行传送两种方式，而数据信息有数字量、模拟量和开关量三种类型。

(1) 数字量是计算机可以直接发送、接收和处理的数据。例如，由键盘、显示器、打

印机及磁盘等 I/O 外设与 CPU 交换的信息，它们是以二进制形式表示的数或以 ASCII 码表示的数符。

(2) 当计算机应用于控制系统中时，输入的信息一般为来自现场的连续变化的物理量，如温度、压力、流量、位移、湿度等，这些物理量通过传感器并经放大处理后得到模拟电压或电流，这些模拟量必须先经过 A/D 转换后才能输入计算机。反之，计算机输出的控制信号都是数字量，也必须先经过 D/A 转换把数字量转换成模拟量才能去控制现场。

(3) 开关量可表示两个状态，如开关的断开和闭合，机器的运转与停止，阀门的打开与关闭等，这些开关量通常要经过相应的电平转换才能与计算机连接，开关量只需用一位二进制数即可表示。

2. 状态信息

状态信息是指外设或 I/O 接口表明的当前状态。CPU 只能读，例如 READY、BUSY 等。

3. 控制信息

控制信息是指 CPU 向外设发出的控制信号或 CPU 写到可编程外设接口电路芯片的控制字等。

5.1.3 外设接口的功能

外设接口的功能如下：

(1) 转换信息格式，如正负逻辑转换，串并行数据转换等。

(2) 提供有关数据传送的联络信号。

(3) 一个输入接口必须具有三态缓冲功能，一个输出接口应具有数据锁存功能，以供外设分时复用或协调 CPU 与外设数据处理速度上的差异。

(4) 进行地址译码或设备选择。

(5) 进行中断管理。

(6) 实现电平转换。

(7) 提供时序控制功能。

(8) 编写程序。

5.1.4 I/O 端口编址方式和寻址方式

CPU 对外设的访问实质上是对外设接口电路中相应的端口进行访问。I/O 端口的编址方式有两种：独立编址与存储器映象编址(统一编址)。

1. 独立编址方式

1) 定义

独立编址方式是指把 I/O 端口和存储单元各自编址，即使地址编号相同也无妨。

在这种编址方式中，建立了两个地址空间，一个为内存地址空间，一个为 I/O 地址空间，它们相对独立，通过控制总线来确定 CPU 到底是要访问内存还是 I/O 端口。为确保控制总线发出正确的信号，除了要有访问内存的指令之外，系统还要提供用于 CPU 与 I/O 端口之间进行数据传输的输入/输出指令。

2) 优点

(1) I/O 端口不占用内存空间。

(2) 访问 I/O 端口指令仅需两个字节，执行速度快。

(3) 读程序时只要是 I/O 指令，即知是 CPU 访问 I/O 端口。

3) 缺点

(1) 要求 CPU 有独立的 I/O 指令。

(2) CPU 访问 I/O 端口的寻址方式少(仅有端口直接寻址和 DX 寄存器间接寻址两种寻址方式)。

80x86 CPU 组成的微机系统都采用独立编址方式。在 8086/8088 系统中，共有 20 根地址线对内存寻址，内存的地址范围是 00000H～FFFFFH；用地址总线的低 16 位对 I/O 端口寻址，所以 I/O 端口的地址范围是 0000H～FFFFH，如图 5.2 所示。CPU 在访问内存和外设时，使用了不同的控制信号来加以区分。例如，当 8086 CPU 的 IO/$\overline{M}$ 信号为 1 时，表示地址总线上的地址是一个内存地址；该信号为 0 时，表示地址总线上的地址是一个端口地址。

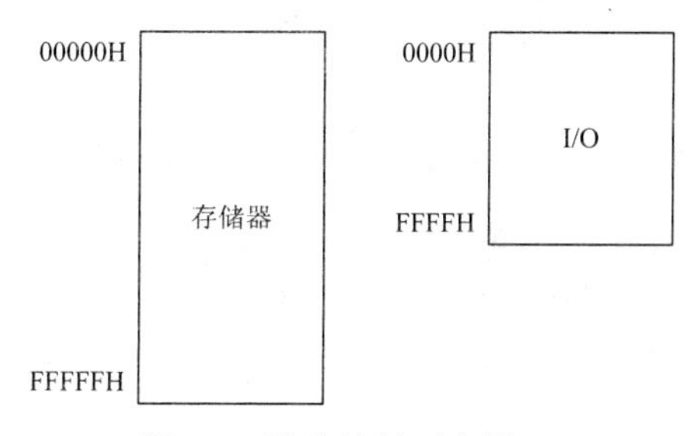

图 5.2　独立编址示意图

2. 统一编址方式及其对应的寻址方式

1) 定义

统一编址方式是指把 I/O 端口和存储单元统一编址，即把 I/O 端口看做存储器的一部分，一个 I/O 端口的地址就是一个存储单元的地址。

2) 优点

CPU 访问存储单元的所有指令都可用于访问 I/O 端口，CPU 访问存储单元的所有寻址方式也就是 CPU 访问 I/O 端口的寻址方式。

3) 缺点

(1) I/O 端口占用了内存空间。

(2) 是访问存储器还是访问 I/O 端口在程序中不能一目了然。

例如，对于一个有 16 根地址线的微机系统，若采用统一编址方式，其地址空间的结构如图 5.3 所示。

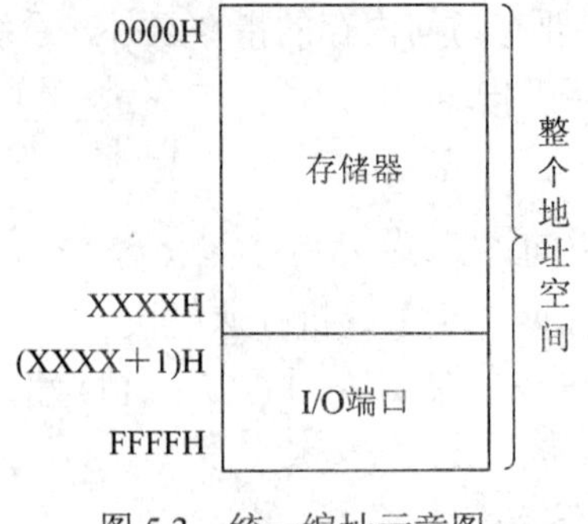

图 5.3　统一编址示意图

5.2　数据传送的控制方式

主机(CPU+内存)和外设之间数据传送的方式通常有四种：程序控制传送方式、中断传送方式、DMA(直接存储器存取方式)和 I/O 处理机方式。

5.2.1　程序控制传送方式

程序控制传送方式是指由程序来控制 CPU 和外设之间的数据传送，可分为无条件传送和查询传送。

1. 无条件传送方式(又称同步传送方式)

微机系统中一些简单的外设，如开关、继电器、数码管、发光二极管等，在它们工作时，可以认为输入设备已随时准备好向 CPU 提供数据，而输出设备也随时准备好接收 CPU 送来的数据，这样，在 CPU 需要同外设交换信息时，就能够用 IN 或 OUT 指令直接对这些外设进行输入/输出操作。由于在这种方式下 CPU 对外设进行输入/输出操作时无需考虑外设的状态，故称之为无条件传送方式，如图 5.4 所示。

对于简单外设，若采用无条件传送方式，其接口电路也很简单。如简单外设作为输入设备时，输入数据保持时间相对于 CPU 的处理时间要长得多，所以可直接使用三态缓冲器和数据总线相连，如图 5.4(a)所示。当执行输入的指令时，读信号有效，选择信号处于低电平，因而三态缓冲器被选通，使其中早已准备好的输入数据送到数据总线上，再到达 CPU。所以要求 CPU 在执行输入指令时，外设的数据是准备好的，即数据已经存入三态缓冲器中。

简单外设为输出设备时，由于外设取数的速度比较慢，要求 CPU 送出的数据在接口电路的输出端保持一段时间，因而一般都需要锁存器，如图 5.4(b)所示。CPU 执行输出指令时，IO/$\overline{M}$ 和 $\overline{WR}$ 信号有效，于是接口中的输出锁存器被选中，CPU 输出的信息经过数据总线送入输出锁存器中，输出锁存器保持这个数据，直到外设将其取走。

无条件传送方式下，程序设计和接口电路都很简单，但是为了保证每一次数据传送时外设都能处于就绪状态，传送不能太频繁。对于少量的数据传送来说，无条件传送方式是最经济实用的一种传送方法。

适用场合：适用于外部控制过程的各种动作时间是固定的且是已知的场合。

优点：无条件传送是最简便的传送方式，它所需的硬件和软件都很少，且硬件接口电路简单。

缺点：无条件传送方式必须在已知且确信外设已准备就绪的情况下才能使用，否则出错。

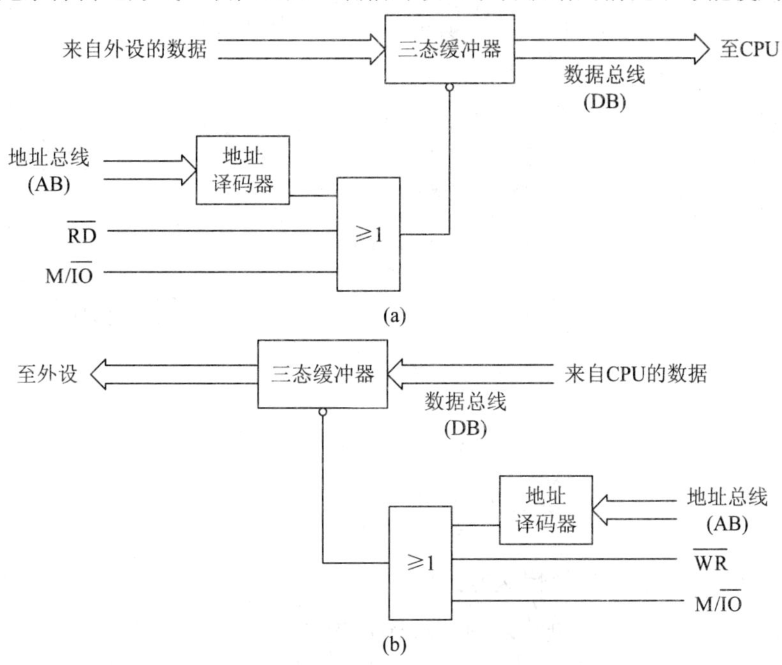

图 5.4　无条件传送(输入/输出)方式

例 5.1　无条件输入，开关 S 的输入接口，如图 5.5 所示。

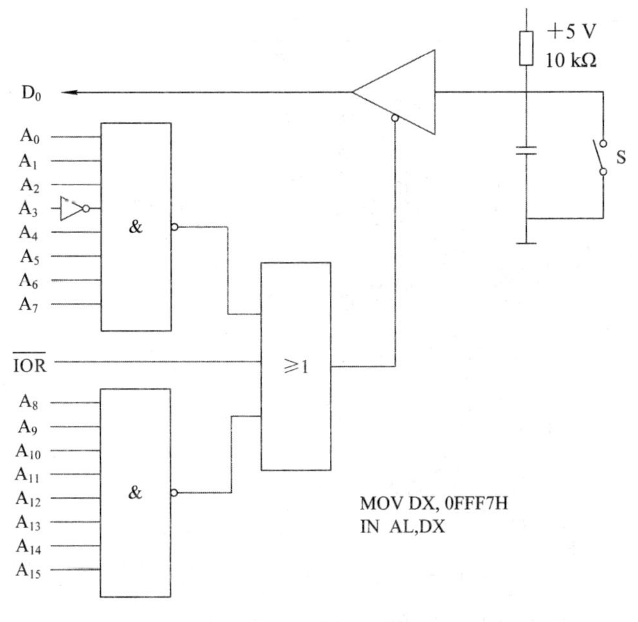

图 5.5　例 5.1 图

例 5.2　无条件输出，数码管显示，如图 5.6 所示。

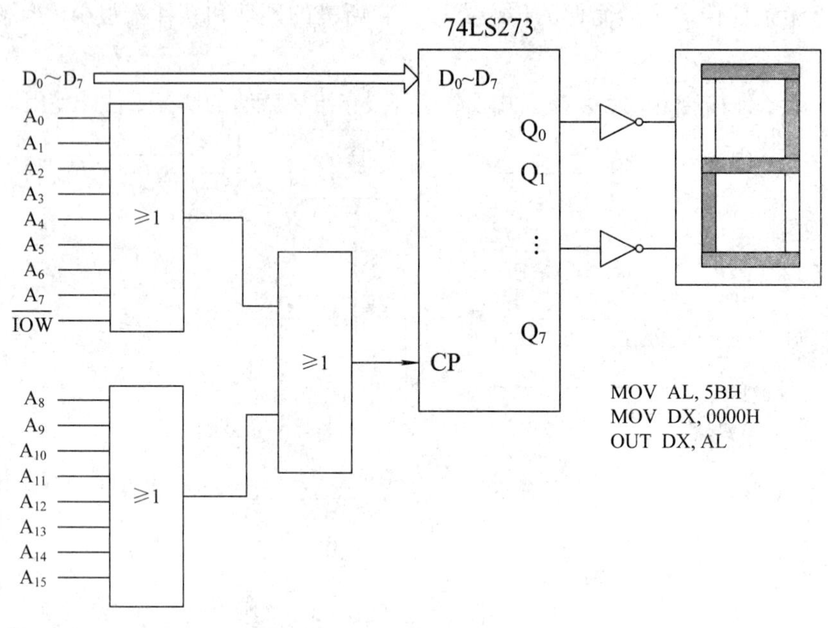

图 5.6　例 5.2 图

2. 查询传送方式(又称异步传送方式)

查询传送方式是指进行数据传送前，程序首先检测外设状态端口的状态，只有在状态信息满足条件时，才能通过数据端口进行数据传送，否则程序只能循环等待或转入其他程序段。查询传送方式的流程图如图 5.7 所示。

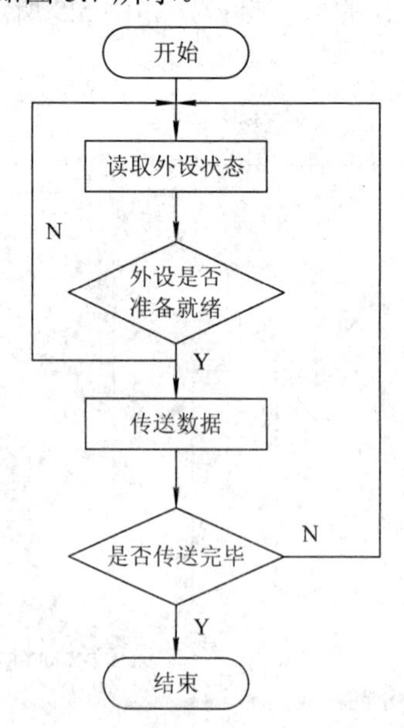

图 5.7　查询传送方式流程图

从图 5.7 中可以看出，采用查询方式完成一次数据传送要经历如下过程：

(1) CPU 从外设接口中读取状态字。

(2) CPU 检测相应的状态位是否满足“就绪”条件。

(3) 如果不满足，则重复(1)、(2)步；若外设已处于“就绪”状态，则传送数据。

适用场合：CPU 与外设工作不同步。

1) 查询式输入

实现查询式输入的接口电路如图 5.8 所示。

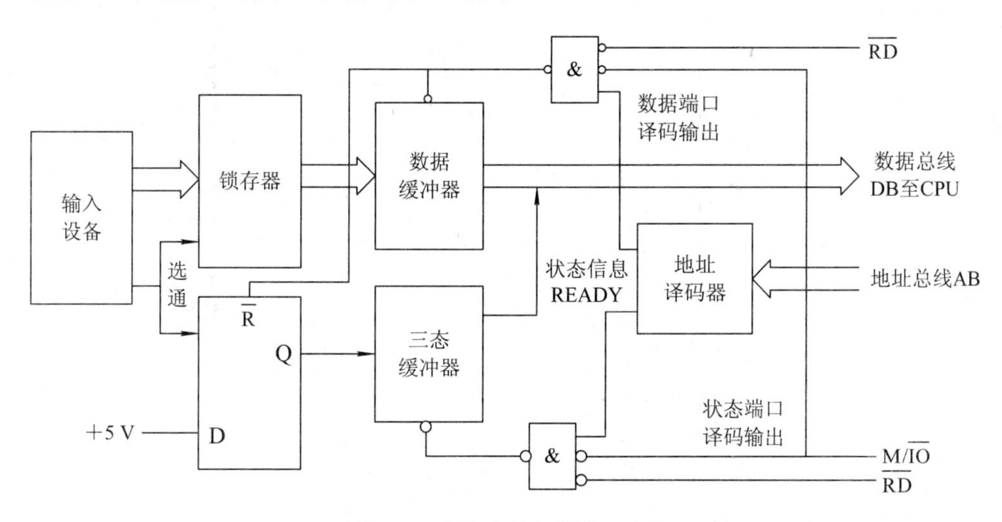

图 5.8　查询式输入的接口电路

图 5.8 中给出的是采用查询传送方式进行输入操作的接口电路。输入设备在数据准备好之后向接口发选通信号，此信号有两个作用：一方面将外设中的数据送到接口的锁存器中；另一方面使接口中的一个 D 触发器输出“1”，从而使三态缓冲器的 READY 位置“1”。CPU 输入数据前先用输入指令读取状态字，测试 READY 位，若 READY 位为“1”，说明数据已准备就绪，再执行输入指令读入数据。由于在读入数据时信号已将状态位 READY 清 0，于是可以开始下一个数据输入过程。

注意：数据和状态端口的地址是不同的，状态信息往往是“1”位的。

2) 查询式输出

当 CPU 将数据输出到外部设备时，由于 CPU 传送数据速度很快，如果外设不及时将数据取走，CPU 就不能再向外设输出数据，否则，数据会丢失。因此，外设取走一个数据就要发一个状态信息，告诉 CPU 数据已被取走，可以输出下一个数据。实现查询式输出的接口电路如图 5.9 所示。

图 5.9 中给出的是采用查询传送方式进行输出操作的接口电路。CPU 输出数据时，先用输入指令读取接口中的状态字，测试 BUSY 位，若 BUSY 位为 0，表明外设空闲，此时 CPU 才执行输出指令，否则 CPU 必须等待。执行输出指令时由端口选择信号、M/$\overline{IO}$ 信号和写信号共同产生的选通信号将数据总线上的数据传入接口中的数据锁存器，同时将 D 触发器置 1。D 触发器的输出信号一方面为外设提供一个联络信号，通知外设将锁存器锁存

的数据取走；另一方面使状态寄存器的 BUSY 位置 1，告诉 CPU 当前外设处于忙状态，从而阻止 CPU 输出新的数据。输出设备从接口中取走数据后，会送一个回答信号 $\overline{ACK}$，该信号使接口中的 D 触发器置 0，从而使状态寄存器中的 BUSY 位清 0，以便开始下一个数据输出过程。

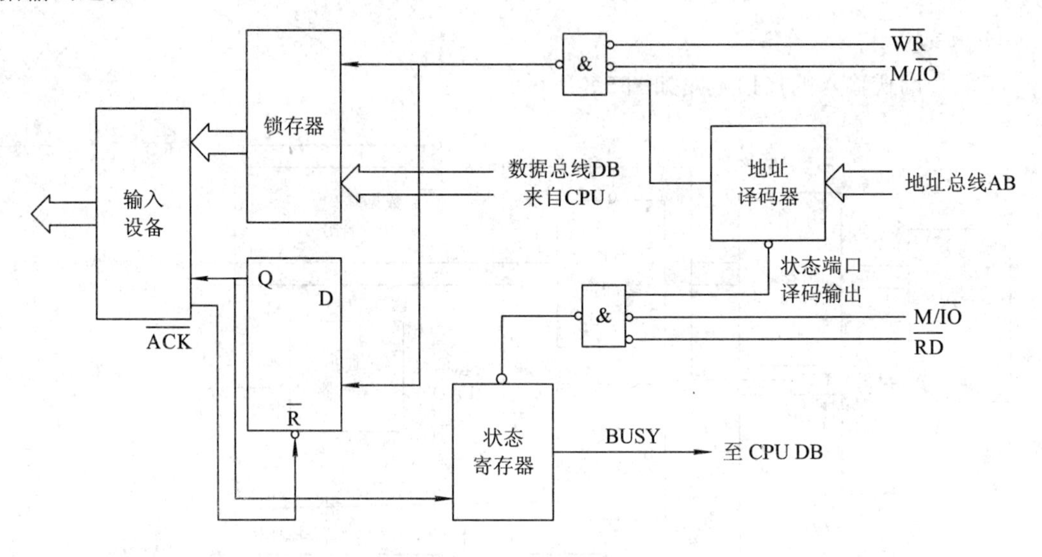

图 5.9　查询式输出的接口电路

3) 查询传送方式的优缺点

CPU 要不断地查询外设状态，当外设没有准备好时，CPU 要等待，而许多外设的速度比 CPU 要慢得多，CPU 的利用率不高。

优点：能保证主机与外设之间协调同步地工作，且硬件线路比较简单，程序也容易实现。

缺点：但是，在这种方式下，CPU 花费了很多时间查询外设是否准备就绪，此时 CPU 不能进行其他操作；此外，在实时控制系统中，若采用查询传送方式，由于一个外设的输入/输出操作未处理完毕就不能处理下一个外设的输入/输出，故不能达到实时处理的要求。因此，查询传送方式有两个突出的缺点：**浪费 CPU 时间，实时性差**。所以，查询传送方式适用于数据输入/输出不太频繁且外设较少、对实时性要求不高的情况。

5.2.2　中断传送方式

中断传送方式通常是在程序中安排好在某一时刻启动外设，然后 CPU 继续执行其程序，当外设完成数据传送的准备后，向 CPU 发出中断请求信号，在 CPU 可以响应中断的条件下，CPU 暂停正在运行的程序，转去执行中断服务程序，在中断服务程序中完成一次 CPU 与外设之间的数据传送，传送完成后立即返回，继续执行原来的程序。中断接口电路如图 5.10 所示。

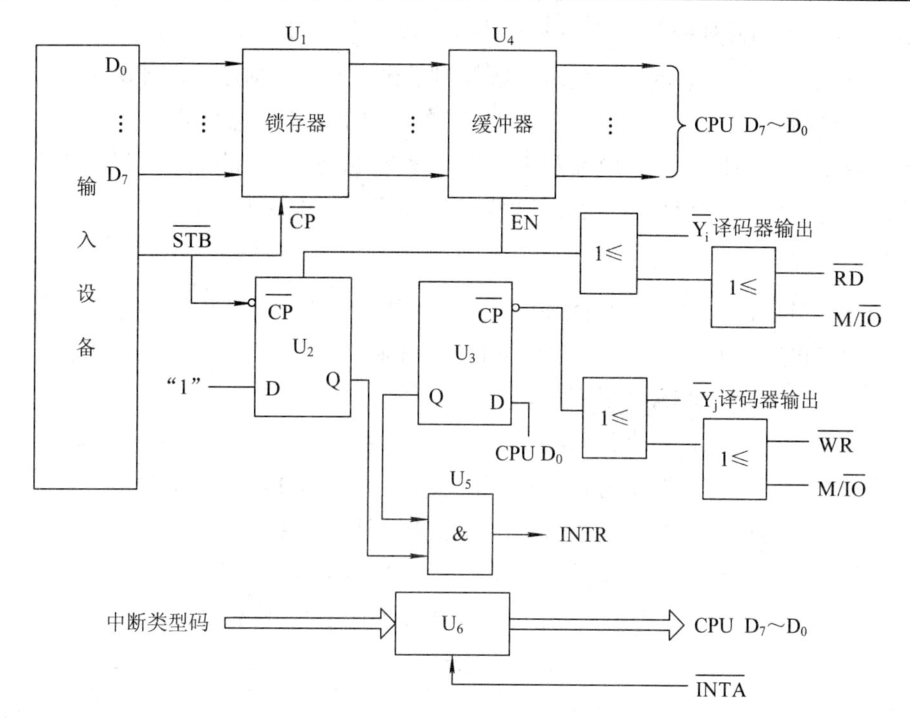

图 5.10　中断接口电路

这是一个输入接口电路，当输入设备准备好一个数据后发出选通信号 $\overline{STB}$，一路送到 U_1 使输入设备的 8 位数据送入锁存器，另一路送到中断请求触发器 U_2，将 U_2 置"1"。若系统允许该设备发出中断请求，则中断屏蔽触发器 U_3 已置"1"，从而通过与门 U_5 向 CPU 发出中断请求信号 INTR。若无其他设备的中断请求，在 CPU 开中断的情况下，在当前指令执行结束后，CPU 响应该设备的中断请求，执行中断响应总线周期，发出中断响应信号 $\overline{INTA}$。发出中断请求的外设把一个字节的中断类型码送上数据总线，然后 CPU 根据该中断识别码转而去执行中断服务程序读入数据，同时复位中断请求触发器 U_2。中断服务完成后，再返回被中断的主程序。

优点：CPU 不必查询等待，工作效率高，CPU 与外设可以并行工作；由于外设具有申请中断的主动权，故系统实时性比查询方式要好得多。

缺点：采用中断传送方式的接口电路相对复杂，而且每进行一次数据传送就要中断一次 CPU，CPU 每次响应中断后，都要转去执行中断处理程序，且都要进行断点和现场的保护和恢复，浪费了很多 CPU 的时间。

故这种传送方式一般适合于少量的数据传送。对于大批量数据的输入/输出，可采用高速的直接存储器存取方式，即 DMA 方式。

5.2.3　DMA 方式

DMA 方式是指在外设和内存之间以及内存与内存之间开辟直接的数据通道，CPU 不干预传送过程，整个传送过程由硬件来完成而不需要软件介入。这样，在传送时就不必进

行保护现场等一系列额外操作，传输速度基本取决于存储器和外设的速度。

在 DMA 方式中，对数据传送过程进行控制的硬件称为 DMA 控制器(DMAC)，负责对传送过程加以控制和管理。在进行 DMA 传送期间，CPU 放弃总线控制权，将系统总线交由 DMAC 控制，由 DMAC 发出地址及读/写信号来实现高速数据传输。传送结束后，DMAC 再将总线控制权交还给 CPU。一般微处理器都设有用于 DMA 传送的联络线。

1. DMA 控制器必需的功能

(1) 能接收外设的 DMA 请求 DREQ，并能向外设发出 DMA 响应信号 DACK。

(2) 能向 CPU 发出总线请求信号 HOLD，当 CPU 发出总线响应信号 HLDA 后，能接管对总线的控制，进入 DMA 方式。

(3) 能发出地址信息，对存储器寻址并修改地址指针。

(4) 能发出读、写等控制信号，包括存储器读写信号和 I/O 读写信号。

(5) 能决定传送的字节数，并能判断 DMA 传送是否结束。

(6) 能发出 DMA 结束信号，释放总线，使 CPU 恢复正常工作。

具有上述功能的 DMA 控制器工作过程示意图如图 5.11 所示。

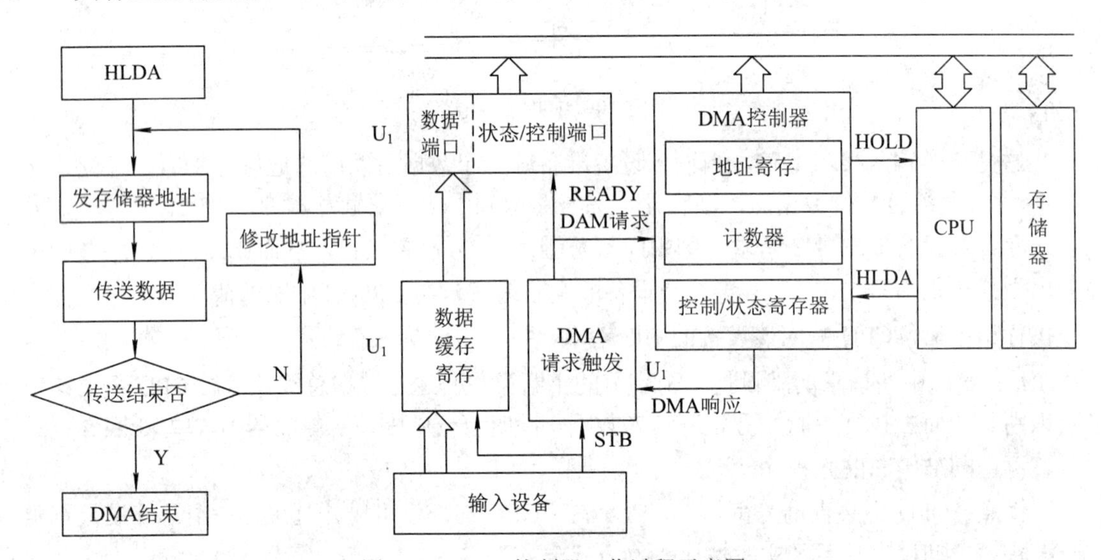

图 5.11　DMA 控制器工作过程示意图

2. DMA 操作的基本方法

(1) 周期挪用：利用 CPU 不访问存储器的那些周期来实现 DMA 操作。

(2) 周期扩展：使用专门的时钟发生器/驱动电路对供给 CPU 的时钟周期进行加宽。

(3) CPU 的停机方式：在当前总线周期结束后，让出对总线的控制权。

3. DMA 的传送方式

1) 单字节传输方式

在单字节传输方式下，DMAC 每次控制总线后只传输一个字节，传输完后即释放总线控制权，这样 CPU 至少可以得到一个总线周期，并进行有关操作。

2) 成组传输方式(块传输方式)

采用成组传输方式，DMAC 每次控制总线后都连续传送一组数据，待所有数据全部传送完后再释放总线控制权。显然，成组传输方式的数据传输率要比单字节传输方式高。但是，成组传输期间 CPU 无法进行任何需要使用系统总线的操作。

3) 请求传输方式

在请求传输方式下，每传输完一个字节，DMAC 都要检测 I/O 接口发来的 DMA 请求信号是否有效。若有效，则继续进行 DMA 传输；否则就暂停传输，将总线控制权交还给 CPU，直至 DMA 请求信号再次变为有效，再从刚才暂停处继续传输。

4．DMA 操作的基本过程

1) DMAC 的初始化

DMAC 的初始化主要做如下几方面工作：

(1) 指定数据的传送方向，即指定外设对存储器是做读操作还是写操作，这就要对控制/状态寄存器中的相应控制位进行置数。

(2) 指定地址寄存器的初值，即给出存储器中用于 DMA 传送的数据区的首地址。

(3) 指定计数器的初值，即明确有多少数据需要传送。

2) DMA 数据传送

DMA 数据传送(以数据输入为例)按以下步骤进行：

(1) 外围设备发选通脉冲，把输入数据送入缓冲寄存器，并将 DMA 请求触发器置 1。

(2) DMA 请求触发器向控制/状态端口发准备就绪信号，同时向 DMA 控制器发 DMA 请求信号。

(3) DMA 控制器向 CPU 发出总线请求信号(HOLD)。

(4) CPU 在完成了现行机器周期后，即响应 DMA 请求，发出总线允许信号(HLDA)，并由 DMA 控制器发出 DMA 响应信号，使 DMA 请求触发器复位。此时，由 DMA 控制器接管系统总线。

(5) DMA 控制器发出存储器地址，并在数据总线上给出数据，随后在读/写控制信号线上发出写的命令。

(6) 来自外设的数据被写入相应的存储单元。

(7) 每传送一个字节，DMA 控制器的地址寄存器加 1，从而得到下一个地址，字节计数器减 1。返回(5)，传送下一个数据。如此循环，直到计数器的值为 0，数据传送完毕。

3) DMA 结束

DMA 传送完毕，由 DMAC 撤销总线请求信号，从而结束 DMA 操作。CPU 撤销总线允许信号，恢复对总线的控制。

采用 DMA 方式后，由于 DMAC 直接控制了数据的传送，对数据的传送速度和响应时间都有很大的提高。但 DMAC 只能实现对数据的输入/输出传送的控制，而对输入/输出设备的管理和其他操作仍然需要 CPU 来完成，为了使 CPU 完全摆脱管理、控制输入/输出的负担，从 20 世纪 60 年代开始引入了 I/O 处理机的概念，提出了数据传送的 I/O 处理机方式。

5.2.4 I/O 处理机方式

I/O 处理机方式是指由 I/O 处理机接管原来由 CPU 承担的控制输入/输出操作及其他的全部功能。I/O 处理机有自己的指令系统，可以独立地执行程序、对外设进行控制、对输入/输出过程进行管理，并能完成字与字之间的装配和拆卸、码制的转换、数据块的错误检测和纠错以及格式变换等操作。

同时，它还可以向 CPU 报告外设和外设控制器的状态，对状态进行分析，并对输入/输出系统的各种情况进行处理。

8086/8088 系列中，8089 IOP 就是高性能的通用输入/输出处理机，在 8089 内部有两个独立的 I/O 通道，每一个通道都兼有 CPU 功能和非常灵活的 DMA 控制的功能。

习　题

1. 简要解释下列概念：

(1) I/O 接口；(2) I/O 端口；(3) 无条件传送；(4) 程序查询传送；(5) DMA 传送。

2. 简述 I/O 接口的基本功能。

3. I/O 接口与计算机交换的信息有哪些，作用是什么？

4. 数据信息、地址信息、控制信息与数据总线、地址总线、控制总线是同一个概念吗，为什么？

5. 接口一般具有哪些 I/O 端口，各用于存放何种信息？

6. 简述 I/O 端口独立编址方式与统一编址方式的优缺点。

7. 8086 系统最多可寻址多少端口地址？

8. 何为全地址译码？何为部分地址译码，它们的优、缺点各是什么？

9. 实现无条件传送的前提是什么？

10. 无条件传送方式与程序查询方式有何异同？

11. 在中断传送方式中是怎样实现 CPU 与外设并行工作的？

12. 为什么 DMA 方式能实现高速数据传送，DMA 控制器与 DMA 接口是指同一个部件吗？

13. DMA 控制器应具有哪些功能？

14. 在 DMA 传送方式中，“DMA 请求”和“DMA 中断”信号各在什么时候产生，二者有什么区别？

15. 什么是 I/O 处理机？

16. 程序控制方式、中断方式、DMA 方式各适用于什么范围？

17. 画出地址为 32FH 的采用门电路译码的译码电路。

第 6 章　中　　断

6.1　中断基本概念

6.1.1　中断的定义

从查询式的传输过程可以看出，它的优点是硬件开销小，使用起来比较简单。但在此方式下，CPU 要不断地查询外设的状态，当外设未准备好时，CPU 就只能等待，不能执行其他程序，这样就浪费了 CPU 的大量时间，降低了主机的利用率。

中断传送方式即是为了解决这个矛盾而提出的，当 CPU 进行主程序操作时，外设的数据已存入输入端口的数据寄存器，或端口的数据输出寄存器已空，由外设通过接口电路向 CPU 发出中断请求信号，CPU 在满足一定的条件下，暂停执行当前正在执行的主程序，转入执行相应的能够进行输入/输出操作的子程序，待输入/输出操作执行完毕之后 CPU 返回继续执行原来被中断的主程序。这样就避免了 CPU 把大量时间耗费在等待、查询状态信号的操作上，使其工作效率得以大大提高。

能够向 CPU 发出中断请求的设备或事件称为**中断源**。微机系统引入中断机制后，使 CPU 与外设(甚至多个外设)处于并行工作状态，便于实现信息的实时处理和系统的故障处理。中断方式的原理示意图如图 6.1 所示。

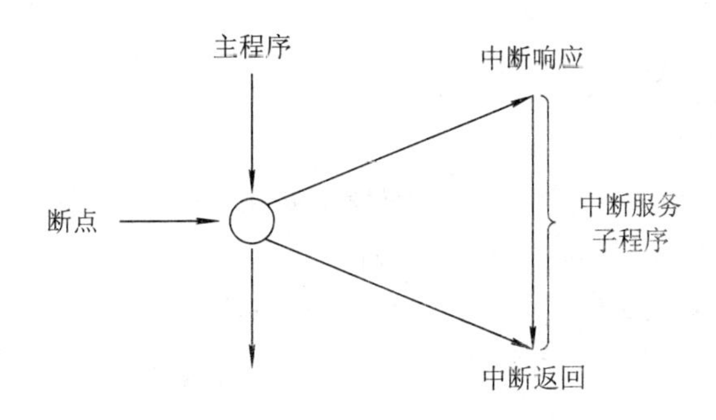

图 6.1　中断方式的原理示意图

为了便于理解，可以将中断与日常生活中的例子做一个比较，如图 6.2 所示。

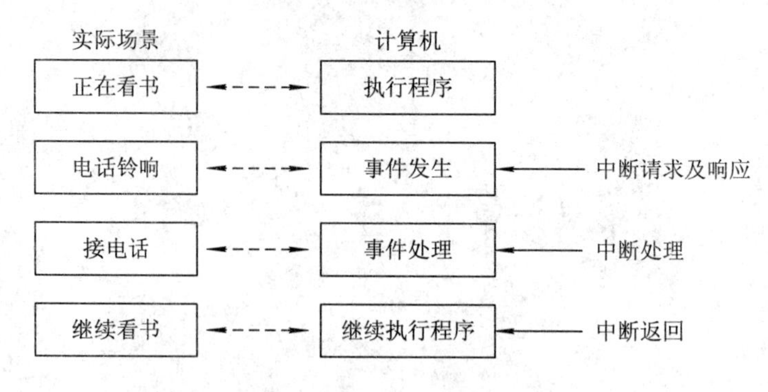

图 6.2　中断方式场景比较

6.1.2　中断的分类

中断分为两类：硬件中断和软件中断，如图 6.3 所示。

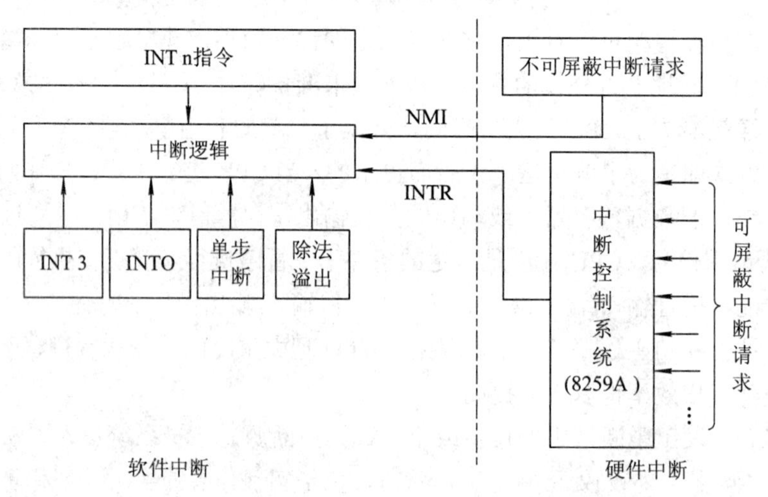

图 6.3　软、硬中断方式

1．硬件中断

硬件中断是通过外部硬件产生的中断，如打印机、键盘等，有时也称为外部中断。硬件中断又可分为可屏蔽中断和不可屏蔽中断。

不可屏蔽中断：由 NMI 引脚引入，它不受中断允许标志的影响，每个系统中仅允许有一个，都是用来处理紧急情况的，如掉电处理。这种中断一旦发生，系统会立即响应。

可屏蔽中断：由 INTR 引脚引入，它受中断允许标志的影响，即只有当 IF = 1 时，可屏蔽中断才能进入，反之则不允许进入。可屏蔽中断可有多个，一般是通过优先级排队，从多个中断源中选出一个进行处理。

2．软件中断(内部中断)

软件中断是根据某条指令或者对标志寄存器中某个标志的设置而产生的，它与硬件电路无关，常见的如除数为 0 等，用 INT n 指令可产生多种软件中断。

其中，

(1) 除法溢出：类型号 0，商大于目的操作数所能表达的范围时产生。

(2) 单步中断：类型号 1，TF = 1 时产生(当前指令需执行完)。

(3) 断点中断：类型号 3，这是一个软件中断，即 INT 3 指令。

(4) 溢出中断：类型号 4，这是一个软件中断，即 INTO 指令。

(5) 软件中断：即 INT n 指令，类型号 n (0～255)。

6.1.3 中断响应过程

1. 中断响应

中断源向 CPU 发出中断请求，若优先级别最高，CPU 在满足一定的条件下，可以中断当前程序的运行，并保护好被中断的主程序的断点及现场信息。然后，根据中断源提供的信息，找到中断服务子程序的入口地址，转去执行新的程序段，这就是中断响应。

注意：CPU 响应中断是有条件的，如内部允许中断、中断未被屏蔽、当前指令执行完等。

2. 中断优先级

当系统中有多个设备提出中断请求时，就存在一个先响应谁的问题，即响应优先级的问题。

具体处理包括两种情况：

(1) 对同时产生的中断：应首先处理优先级别较高的中断；若优先级别相同，则按“先来先服务”的原则处理。

一般情况下，中断优先级别如下：

内部中断 ＞NMI＞INTR＞ 单步中断

(2) 对非同时产生的中断：低优先级的中断处理程序允许被高优先级的中断源所中断——即允许中断嵌套。

当 CPU 响应中断并为该中断服务时，可以被优先级更高的中断源中断，实现中断的嵌套。如图 6.4 为中断嵌套示意图。

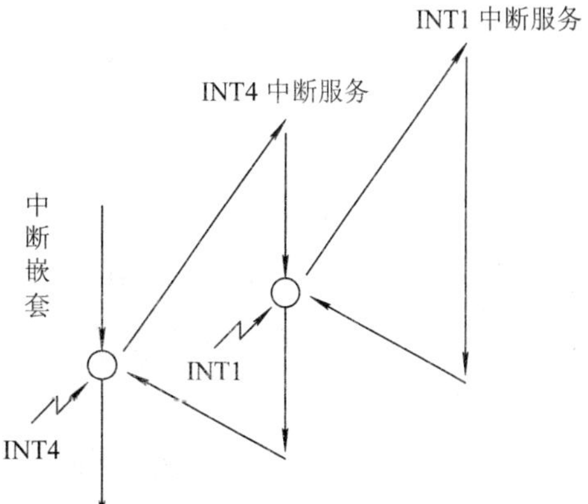

解决优先级的问题一般有三种方法：软件查询法、简单硬件方法及专用硬件方法。

图 6.4　中断嵌套示意图

1) 软件查询法

软件查询法只需有简单的硬件电路，如将 A、B、C 三台设备的中断请求信号“或”后作为系统 INTR 信号，这时，A、B、C 三台设备中只要有一台设备提出中断请求，就可以向 CPU 发中断请求。进入中断服务子程序后，再用软件查询的方式分别对不同的设备进行服务，查询程序的设计思想同查询式输入，查询的前后顺序取决于设备的优先级。软件查询流程如图 6.5 所示。

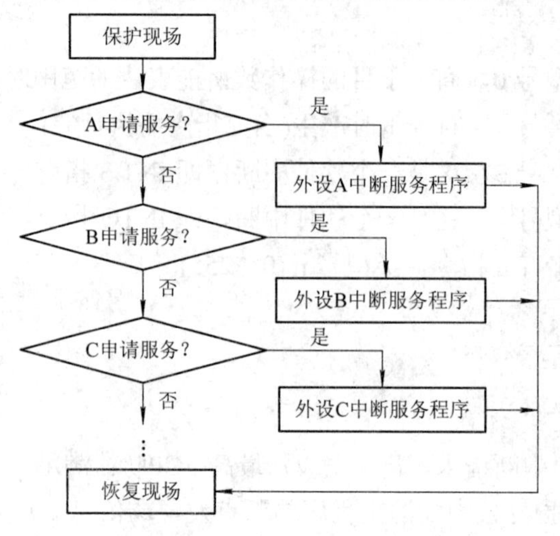

图 6.5　软件查询流程图

2) 简单硬件方法

以链式中断优先权排队电路为例，简单硬件方法的基本设计思想是将所有的设备连成一条链，靠近 CPU 的设备优先级最高，越远的设备优先级越低，若级别高的设备发出了中断请求，在 CPU 接到中断响应信号的同时，封锁其后的较低级设备，使得它们的中断请求不能响应，只有等 CPU 的中断服务结束以后才开放，继而为低级的设备服务，如图 6.6 所示。

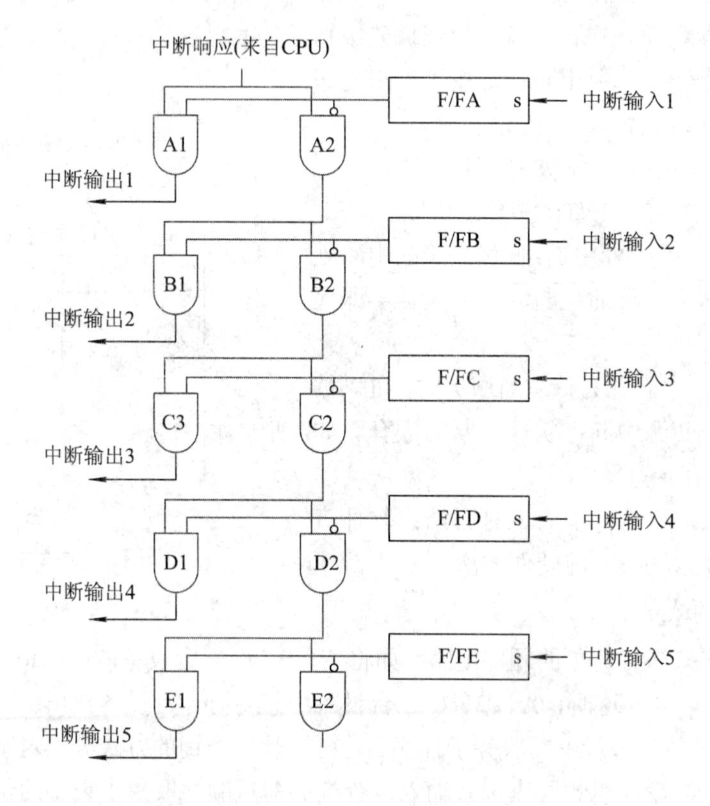

图 6.6　链式中断优先权排队电路示意图

3) 专用硬件方法

专用硬件方法采用可编程的中断控制器芯片，如 Intel 8259A。图 6.7 所示为中断控制器在系统中的连接方式。

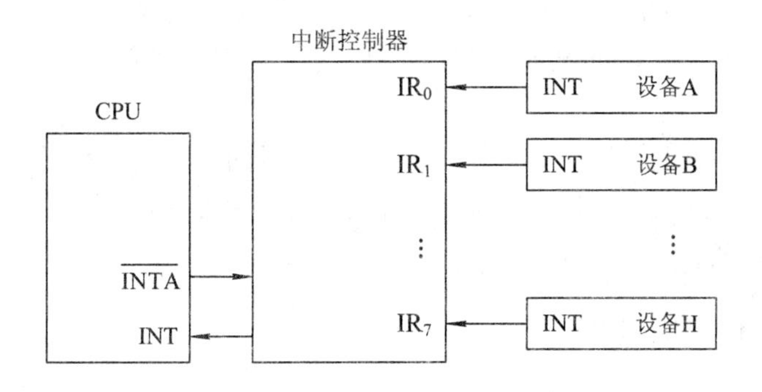

图 6.7　中断控制器的系统连接

有了中断控制器以后，CPU 的 INTR 和 $\overline{INTA}$ 引脚不再与接口直接相连，而是与中断控制器相连，外设的中断请求信号通过 IR_0～IR_7 进入中断控制器，经优先级管理逻辑确认为级别最高的那个请求的类型号会经过中断类型寄存器在当前中断服务寄存器的某位上置 1，并向 CPU 发 INTR 请求，CPU 发出 $\overline{INTA}$ 信号后，中断控制器将中断类型码送出。在整个过程中，优先级较低的中断请求都受到阻塞，直到较高级的中断服务完毕之后，当前服务寄存器的对应位清 0，较低级的中断请求才有可能被响应。利用中断控制器可以通过编程来设置或改变其工作方式，使用起来方便灵活。

3. 中断服务子程序

CPU 响应中断以后，就会中止当前的程序，转去执行一个中断服务子程序，以完成相应设备的服务。中断服务子程序的一般流程如图 6.8 所示。

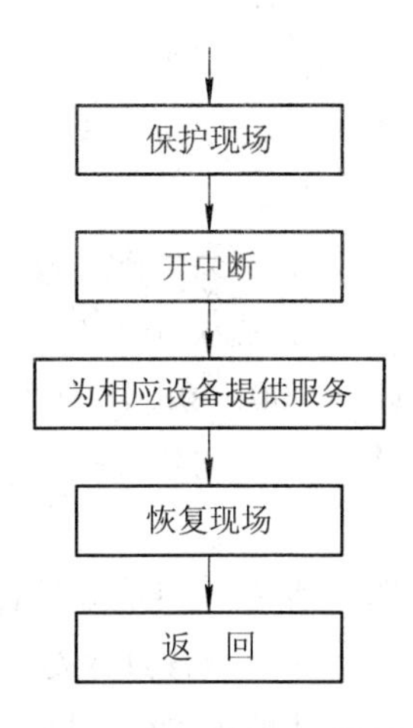

图 6.8　中断服务子程序流程图

(1) 保护现场(由一系列的 PUSH 指令完成)，目的是为了保护那些与主程序有冲突的寄

存器(如 AX、BX、CX 等)，如果中断服务子程序中所使用的寄存器与主程序中所使用的寄存器没有冲突的话，这一步骤可以省略。

(2) 开中断(由 STI 指令实现)，目的是为了能实现中断的嵌套。

(3) 中断服务，即为相应设备提供服务。

(4) 恢复现场(由一系列的 POP 指令完成)，它是与保护现场对应的，但要注意数据恢复的次序，以免混乱。

(5) 返回(使用中断返回指令 IRET)。不能使用一般的子程序返回指令 RET，因为 IRET 指令除了能恢复断点地址外，还能恢复中断响应时的标志寄存器的值，而这后一个动作是 RET 指令不能完成的。

6.1.4 8086 中断响应过程

1. 中断类型码

8086/8088 为每个中断源分配了一个中断类型码，其取值范围为 0～255，即可处理 256 种中断。其中包括软件中断、系统占用的中断以及开放给用户使用的中断。

2. 中断向量和中断向量表

系统处理中断的方法很多，处理中断的步骤中最主要的一步就是如何根据不同的中断源进入相应的中断服务子程序，目前用得最多的就是向量式中断。

中断向量：把各个中断服务子程序的入口都称为一个中断向量。

中断向量表：将这些中断向量按一定的规律排列成一个表，就是中断向量表。当中断源发出中断请求时，即可查找该表，找出其中断向量，继而就可转入相应的中断服务子程序。

8086/8088 中断系统中的中断向量表是位于 0 段的 0～3FFH 的存储区内，每个中断向量占四个单元，其中前两个单元存放中断处理子程序入口地址的偏移量(IP)，低位在前，高位在后；后两个单元存放中断处理子程序入口地址的段地址(CS)，也是低位在前，高位在后，整个中断向量的排列是按中断类型号进行的。图 6.9 给出了中断类型码与中断向量所在位置之间的对应关系。

利用中断类型号 × 4 即可计算某个中断类型的中断向量在整个中断向量表中的位置。例如类型号为 20H，则中断向量的存放位置为 20H × 4 = 80H，设中断服务子程序的入口地址为 4030∶2010，则在 0000：0080H～0000：0083H 中就按顺序放入 10H、20H、30H、40H。当系统响应 20H 号中断时，会自动查找中断向量，找出对应的中断向量装入 CS、IP，即可转入该中断服务子程序。

因此，获得某一中断源的中断服务程序入口地址的计算方法如下：

中断向量码 × 4 = 中断向量表的地址，从该地址处找出中断服务程序入口地址偏移量(16 位)和段基地址(16 位)，之后根据段基地址 CS 左移 4 位 + 偏移量 IP 即可计算出中断服务程序入口地址。

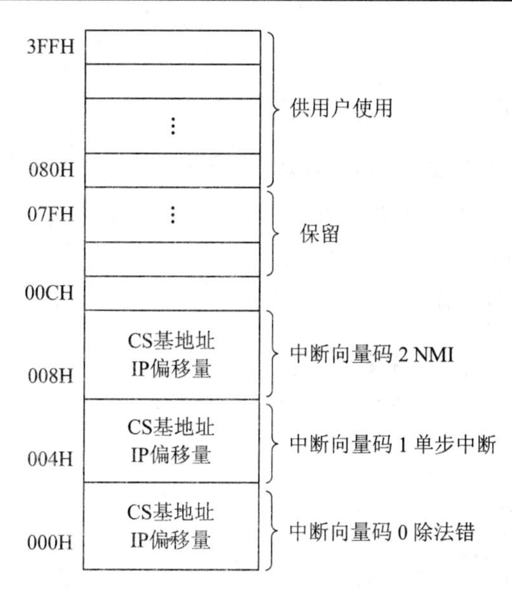

图 6.9　中断类型码与中断向量的对应关系

3. 8086 中断响应过程

8086/8088 对软件中断和硬件中断响应的过程是不同的，这是因为软件中断和硬件中断所产生的原因不同，下面主要讨论硬件中断的情况。

硬件中断是指由 NMI 引脚进入的非屏蔽中断或由 INTR 引脚进入的可屏蔽中断。下面以可屏蔽中断为例。

CPU 在 INTR 引脚上接到一个中断请求信号，如果此时 IF = 1，CPU 就会在当前指令执行完后开始响应外部的中断请求，这时，CPU 在 $\overline{\text{INTA}}$ 引脚连续发两个负脉冲，外设在接到第二个负脉冲以后，在数据线上发送中断类型码，接到这个中断类型码后，CPU 做如下动作：

(1) 将中断类型码放入暂存器保存；

(2) 将标志寄存器的内容压入堆栈，以保护中断时的状态；

(3) IF 和 TF 标志清 0；

(4) 保护断点；

(5) 根据取到的中断类型码，在中断向量表中找出相应的中断向量，将其装入 IP 和 CS，即自动转向中断服务子程序。

对于通过 NMI 进入的中断请求，由于其类型码固定为 2，因此 CPU 不用从外设读取类型码，也不需要计算中断向量表的地址，只要将中断向量表中 0000：0008H～0000：000BH 单元中的内容分别装入 IP 和 CS 即可。

6.2　中断控制器 Intel 8259A

Intel 8259A 是 8088/8086 微机系统的中断控制器件，它具有对外设中断源进行管理，

并向 CPU 转达中断请求的能力。

6.2.1　8259A 的性能概述

(1) 具有 8 级中断优先控制功能，通过级联可以扩展至 64 级优先权控制。

(2) 每一级中断都可以通过初始化设置为允许或屏蔽状态。

(3) 8259A 的工作方式可以通过编程设置，因此，使用非常灵活。

(4) 8259A 采用 NMOS 制造工艺，只需要单一的 +5 V 电源。

6.2.2　8259A 的内部结构和工作原理

8259A 的内部结构如图 6.10 所示。

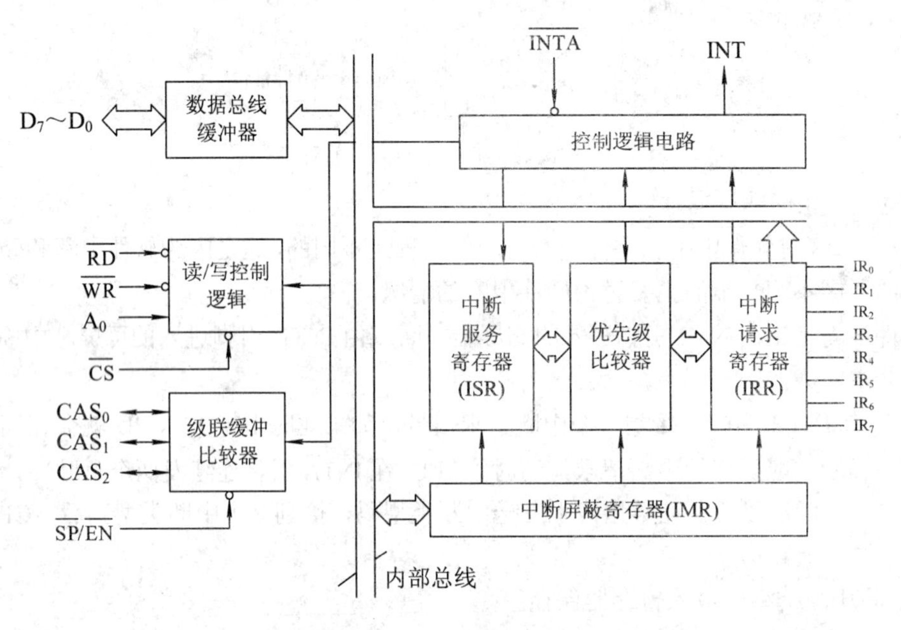

图 6.10　8259A 的内部结构

(1) 数据总线缓冲器：它是 8259A 与系统数据总线的接口，是 8 位双向三态缓冲器。CPU 与 8259A 之间的控制命令信息、状态信息以及中断类型信息都是通过该缓冲器传送的。

(2) 读/写控制逻辑：CPU 通过它实现对 8259A 的读/写操作。

(3) 级连缓冲比较器：实现 8259A 芯片之间的级联，使得中断源可以由 8 级扩展至 64 级。

(4) 控制逻辑电路：负责对整个芯片内部各部件的工作进行协调和控制。

(5) 中断请求寄存器 IRR：8 位，用于分别保存 8 个中断请求信号，当相应的中断请求输入引脚有中断请求时，该寄存器的相应位置 1。

(6) 中断屏蔽寄存器 IMR：8 位，相应位用于对 8 个中断源的中断请求信号进行屏蔽控制。当其中某位置“0”时，则相应的中断请求可以向 CPU 申请；否则，相应的中断请求被屏蔽，即不允许向 CPU 提出中断请求。

(7) 中断服务寄存器 ISR：8 位，当 CPU 正在处理某个中断源的中断请求时，ISR 寄存器中的相应位置 1。

(8) 优先级比较器：用于比较正在处理的中断和刚刚进入的中断请求之间的优先级别，以决定是否产生多重中断或中断嵌套。

6.2.3　8259A 的外部引脚

8259A 是具有 28 个引脚的集成电路芯片，这 28 个引脚分别是：

(1) D_7～D_0：双向数据输入/输出引脚，用于与 CPU 进行信息交换。

(2) IR_7～IR_0：8 级中断请求信号输入引脚，规定的优先级为 $IR_0>IR_1>\cdots>IR_7$，当有多片 8259A 形成级联时，从片的 INT 与主片的 IR_i 相连。

(3) INT：中断请求信号输出引脚，高电平有效，用于向 CPU 发中断请求，应接在 CPU 的 INTR 输入端。

(4) $\overline{INTA}$：中断响应应答信号输入引脚，低电平有效，在 CPU 发出第二个 $\overline{INTA}$ 时，8259A 将其中最高级别的中断请求的中断类型码送出；应接在 CPU 的 $\overline{INTA}$ 中断应答信号输出端。

(5) $\overline{RD}$：读控制信号输入引脚，低电平有效，实现对 8259A 内部有关寄存器内容的读操作。

(6) $\overline{WR}$：写控制信号输入引脚，低电平有效，实现对 8259A 内部有关寄存器内容的写操作。

(7) $\overline{CS}$：片选信号输入引脚，低电平有效，一般由系统地址总线的高位经译码后形成，决定了 8259A 的端口地址范围。

(8) A_0：8259A 两组内部寄存器的选择信号输入引脚，决定 8259A 的端口地址。

$$A_0 = 0 \rightarrow ICW_1、OCW_2、OCW_3$$

$$A_0 = 1 \rightarrow ICW_2 \sim ICW_4、OCW_1$$

(9) CAS_2～CAS_0：级联信号引脚，当 8259A 为主片时，为输出；否则为输入。与 $\overline{SP}/\overline{EN}$ 信号配合，实现芯片的级联。这三个引脚信号的不同组合 000～111，刚好对应于 8 个从片。

(10) $\overline{SP}/\overline{EN}$：$\overline{SP}$ 为级联管理信号输入引脚，在非缓冲方式下，若 8259A 在系统中作从片使用，则 $\overline{SP}=1$；否则 $\overline{SP}=0$。在缓冲方式下，$\overline{EN}$ 用作 8259A 外部数据总线缓冲器的启动信号。

(11) +5 V、GND：电源和接地引脚。

6.2.4　8259A 的工作过程

(1) 当有一条或若干条中断请求输入(IR_7～IR_0)有效时，使中断请求寄存器 IRR 的相应位置位。

(2) 若 CPU 处于开中断状态，则在当前指令执行完之后响应中断，并且从 $\overline{INTA}$ 发应答信号(两个连续的 $\overline{INTA}$ 负脉冲)。

(3) 第一个 $\overline{INTA}$ 负脉冲到达时，IRR 的锁存功能失效，对于 IR_7～IR_0 上发来的中断请

求信号不予理睬。

(4) 使当前中断服务寄存器ISR的相应位置1，以便为中断优先级比较器的工作做好准备。

(5) 使寄存器的相应位复位，即清除中断请求。

(6) 第二个 $\overline{INTA}$ 负脉冲到达时，将中断类型寄存器中的内容 ICW_2 送到数据总线的 D_7～D_0 上，CPU 以此作为相应中断的类型码。

(7) 若 ICW_4 中的中断结束位为 1，那么，第二个 $\overline{INTA}$ 负脉冲结束时，8259A 将 ISR 寄存器的相应位清零。否则，直至中断服务程序执行完毕，才能通过输出操作命令字 EOI 使该位复位。

6.2.5　8259A 的工作方式

8259A 有多种工作方式，这些工作方式可以通过编程设置或改变。下面对这些工作方式进行分类介绍。

1. 优先权的管理方式

1) 全嵌套方式

全嵌套方式是 8259A 默认的优先权设置方式，在此方式下，8259A 所管理的 8 级中断优先权是固定不变的，其中，IR_0 的中断优先级最高，IR_7 的中断优先级最低。

2) 特殊全嵌套方式

特殊全嵌套方式与全嵌套方式基本相同，所不同的是当 CPU 处理某一级中断时，如果有同级中断请求，那么 CPU 也会作出响应，从而形成了对同一级中断的特殊嵌套。特殊全嵌套方式通常应用在有 8259A 级联的系统中，在这种情况下，对主 8259A 进行编程时，通常使它工作在特殊全嵌套方式下。

3) 优先级自动循环方式

在实际应用中，中断源优先级的情况是比较复杂的，优先级自动循环方式要求 8 级中断的优先级在系统工作过程中可以动态改变。

4) 优先级特殊循环方式

优先级特殊循环方式与自动循环方式相比，只有一点不同，即初始化的优先级是由程序控制的，而不是默认的 IR_0～IR_7。

2. 中断源的屏蔽方式

CPU 对于 8259A 提出的中断请求，都可以加以屏蔽控制，屏蔽控制有下列几种方式。

1) 普通屏蔽方式

8259A 的每个中断请求输入，都要受到屏蔽寄存器中相应位的控制。若相应位为“1”，则中断请求不能送 CPU。

2) 特殊屏蔽方式

有些场合下，希望一个中断服务程序的运行过程中，能动态地改变系统中的中断优先级结构，即在中断处理的一部分，禁止低级中断，而在中断处理的另一部分，又能够允许低级中断，于是引入了对中断的特殊屏蔽方式。

3. 结束中断处理的方式

按照对中断结束(复位中断响应寄存器 ISR 中相应位)的不同处理，8259A 有两种工作方式，即自动结束方式(AEI)和非自动结束方式。而非自动结束方式又可进一步分为一般的中断结束方式和特殊的中断结束方式。

1) 中断自动结束方式

中断自动结束方式仅适用于只有单片 8259A 的场合，在这种方式下，系统一旦响应中断，那么 CPU 在发第二个 INTA 脉冲时，就会使中断响应寄存器 ISR 中的相应位复位。

2) 一般的中断结束方式

一般的中断结束方式适用于全嵌套的情况下，当 CPU 用输出指令向 8259A 发一般中断结束命令 OCW_2 时，8259A 才会使中断响应寄存器 ISR 中优先级别最高的位复位。

3) 特殊的中断结束方式

在特殊全嵌套模式下，系统无法确定哪一级中断为最后响应和处理的中断，即 CPU 无法确定当前所处理的是哪级中断时，这时就要采用特殊的中断结束方式。特殊的中断结束方式是指在 CPU 结束中断处理之后，向 8259A 发送一个特殊的 EOI 中断结束命令，这个特殊的中断结束 EOI 命令明确指出了中断响应寄存器 ISR 中需要复位的位。

在级联方式下，一般不用中断自动结束方式，而需要用非自动结束方式。当从片的中断处理程序结束时，一般需发两个中断结束 EOI 命令，一个发往主片，一个发往从片。

4. 系统总线的连接方式

按照 8259A 与系统总线的连接方式来分，有下列两种方式。

1) 缓冲方式

在多片 8259A 级联的大系统中，8259A 通过外部总线驱动器和数据总线相连，这就是缓冲方式。在缓冲方式下，8259 的 $\overline{SP}/\overline{EN}$ 输出信号作为缓冲器的启动信号，用来启动总线驱动器，在 8259A 与 CPU 之间进行信息交换。

2) 非缓冲方式

当系统中只有一片或几片 8259A 芯片时，可以将数据总线直接与系统数据总线相连，这时 8259A 处于非缓冲方式下。在这种方式下，8259A 的 $\overline{SP}/\overline{EN}$ 作为输入端设置，主片应接高电平，从片应接低电平。

5. 引入中断请求的方式

按照引入中断请求的方式，8259A 有下列几种工作方式。

1) 边沿触发方式

8259A 将中断请求输入端出现的上升沿作为中断请求信号，之后相应的引脚可以一直保持高电平。

2) 电平触发方式

8259A 将中断请求输入端出现的高电平作为中断请求信号，在这种方式下，必须注意：中断响应之后，高电平必须及时撤除，否则，在 CPU 响应中断并开中断之后，会引起第二次不应该有的中断。

3) 中断查询方式

当系统中的中断源很多，超过 64 个时，则可以使 8259A 工作在查询方式下。

6.2.6　8259A 的编程

8259A 是可编程的集成电路芯片，这大大增加了其使用的灵活性。

1. 8259A 的端口地址

若 8259A 与 8088 CPU 配合使用，可直接将 A_0 与 CPU 的地址信号输出引脚 A_0 相连，8259A 的两个端口地址是连续的；若 8259A 与 8088 CPU 配合使用，如将 8259A 的 D_7～D_0 接到 16 位数据总线的低 8 位，则 A_0 应与 CPU 的地址信号输出引脚 A_1 相连，此时地址码 A_0 应取 0，8259A 的两个端口地址都是偶地址，若除以 2 之后仍为偶数，则为偶地址；除以 2 之后若为奇数，则为奇地址，即

A_1	A_0		
0	0	——	ICW_1、OCW_2、OCW_3
1	0	——	ICW_2～ICW_4、OCW_1

A_0 用于区分 8259A 芯片中的不同寄存器组，由于 8259A 内部寄存器的寻址只用到一位地址信号，所以一片 8259A 芯片占用系统中的两个端口地址，即偶地址和奇地址，并且规定偶地址小于奇地址。

2. 8259A 的初始化编程

8259A 的初始化编程，需要 CPU 向它输出一个 2～4 字节的初始化命令字，输出初始化命令字的流程如图 6.11 所示，其中 ICW_1 和 ICW_2 是必需的，而 ICW_3 和 ICW_4 需根据具体的情况来加以选择。

ICW_1：初始化命令字 1，写入 8259A 偶地址端口，其各位的功能及含义如下：

A_0	D_7	D_6	D_5	D_4	D_3	D_2	D_1	D_0
0	×	×	×	1	LTIM	×	SNGL	IC4

ICW_2：初始化命令字 2，写入 8259A 奇地址端口，其各位的功能及含义如下：

A_0	D_7	D_6	D_5	D_4	D_3	D_2	D_1	D_0
1	T7	T6	T5	T4	T3	×	×	×

当 8259A 用于 MCS80/85 系统中时，用于确定中断入口地址的高 8 位(A_{15}～A_8)；当 8259A 用于 8088/8086 系统中时，ICW_2 的 D_7～D_3 为编程设置位，作为本芯片所管理 8 级

中断类型码的高5位，而 D_2～D_0 位为8级中断源所对应的编码(其中，000～IR_0，111～IR_7)编程设置对其无影响。

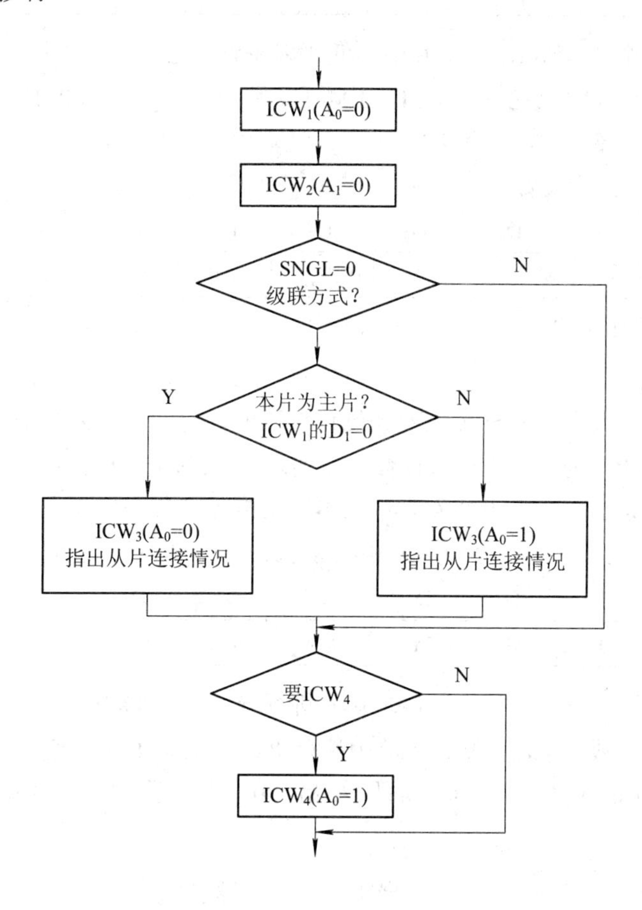

图6.11　8259A初始化流程图

例如若 ICW_2=45H，则8级中断源的中断类型码分别为 IR_0 为40H，…，IR_7 为47H。

ICW_3：初始化命令字3，写入相应8259A的奇地址端口。

ICW_3 用于8259A的级联，8259A最多允许有一片主片和8片从片级联，使能够管理的中断源可以扩充至64个。若系统中只有一片8259A，则不用 ICW_3，若由多片8259A级联，则主、从8259A芯片都必须使用 ICW_3，但主、从8259A芯片中的 ICW_3 的使用方式不同。

对于主8259A芯片，ICW_3 的格式如下：

A_0	D_7	D_6	D_5	D_4	D_3	D_2	D_1	D_0
1	IR_7	IR_6	IR_5	IR_4	IR_3	IR_2	IR_1	IR_0

其中每一位对应于一片从8259A芯片，若相应引脚上接有从8259A芯片，则相应位为1；否则，若相应引脚上未接从8259A芯片，则相应位为0。

例如 ICW_3=1110　0010，则说明 IR_7、IR_6、IR_5、IR_1 上连有从片。

对于从8259A芯片，ICW_3 的格式如下：

A_0	D_7	D_6	D_5	D_4	D_3	D_2	D_1	D_0
0	1/0	1/0	1/0	1/0	1/0	ID_2	ID_1	ID_0

从 8259A 芯片中的 ICW_3，只用其中的低 3 来设置该芯片的标识符，高 5 位全为 0。

例如若本从片的 INT 接在主片的 ID_1 引脚上，则 $ICW_3 = 00000001$。

ICW_4：初始化命令字 4，写入 8259A 奇地址端口，只有当 ICW_1 中的 $D_0 = 1$ 时才需要设置，其各位的功能及含义如下：

A_0	D_7	D_6	D_5	D_4	D_3	D_2	D_1	D_0
1	0	0	0	SFNM	BUF	M/S	AEOI	μPM

3. 8259A 的操作编程

对 8259A 按照上述流程进行初始化编程之后，相应芯片就做好了接收中断的准备，若中断源发出了中断请求，则 8259A 按照初始化编程所规定的各种方式来处理这种请求。在 8259A 工作期间，CPU 也可以通过操作命令字实现对 8259A 的操作控制，或者改变工作方式，或者实时读取 8259A 中某些寄存器的内容。8259A 有三个操作命令字。

(1) OCW_1：中断屏蔽字，必须写入相应 8259A 芯片的奇地址端口，其格式如下：

A_0	D_7	D_6	D_5	D_4	D_3	D_2	D_1	D_0
1	M_7	M_6	M_5	M_4	M_3	M_2	M_1	M_0

它的每一位，可以对相应的中断请求输入进行屏蔽，若 OCW_1 的某一位为 1，则相应的中断请求输入被屏蔽；反之，则相应的中断请求输入呈现允许状态。即若 M_i=1，则表示 8259A 对 IR_i 的中断请求呈屏蔽状态；否则若 $M_i = 0$，则表示 8259A 对 IR_i 的中断请求呈允许状态。

(2) OCW_2：必须写入相应 8259A 芯片的偶地址端口，其格式如下：

A_0	D_7	D_6	D_5	D_4	D_3	D_2	D_1	D_0
0	R	SL	EOI	0	0	L_2	L_1	L_0

其中，D_4、D_3 位恒定为 0，是 OCW_2 的特征位，R、SL、EOI 三位的不同组合可以组成 7 种不同的操作命令，用于改变 8259A 的工作方式。其中，三种操作命令字要用到 OCW_2 的低三位，这三位所形成的编码指出操作所涉及的中断源。

(3) OCW_3：必须写入相应 8259A 芯片的偶地址端口，其格式如下：

A_0	D_7	D_6	D_5	D_4	D_3	D_2	D_1	D_0
0	0	ESMM	SMM	0	1	P	RR	RIS

6.2.7　8259A 的级联

所谓**级联**，就是在微型计算机系统中，以 1 片 8259A 的 INT 引脚与 CPU 的 INTR 引脚相连，称为主片；再将最多 8 片 8259A 的 INT 引脚，分别与主 8259A 的 IR_0～IR_7 相连，称为从片，如图 6.12 所示。显然，在主从式 8259 级联的微机系统中，系统能够管理的中断源可由 8 级扩展至 64 级。

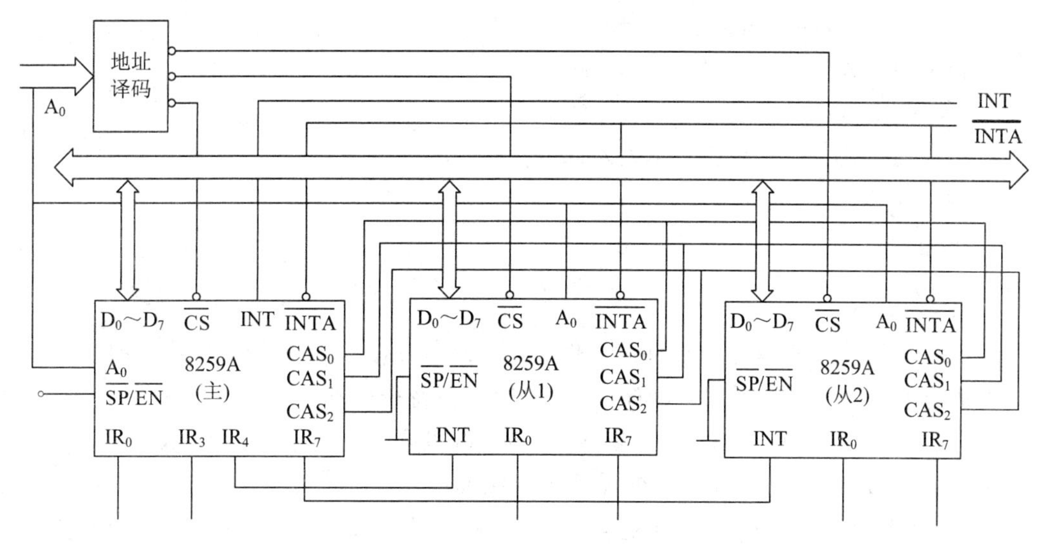

图 6.12　8259A 的级联

主从式 8259 级联系统的连接，需要注意以下要点：

(1) 主片的 INT 引脚接 CPU 的 INTR 引脚，从片的 INT 引脚分别接主片的 IR_i 引脚，使得由从片输入的中断请求能够通过主片向 CPU 发出。

(2) 主片的 3 条级联线与各从片的同名级联线引脚对接，主片为输出，从片为输入。主片向各从片发出优先级最高的中断请求的从片代码，各从片将该代码与本片的代码进行比较，符合则将本片 ICW_2 中预先设定中断类型码送数据总线。

(3) 主片的 $\overline{SP}/\overline{EN}$ 接 +5 V，从片的 $\overline{SP}/\overline{EN}$ 接地。

注意：级联系统中的所有 8259A 都必须各自独立地进行编程，作为主片的 8259A 必须设置为特殊的全嵌套方式，可以避免相同从片中，优先级较高的中断请求被屏蔽的情况发生。

6.2.8　8259A 的应用举例

例 6.1　IBM PC 机中，只有一片 8259A，可接受外部 8 级中断。在 I/O 地址中，分配 8259A 的端口地址为 20H 和 21H，初始化为：边沿触发，缓冲连接，中断结束采用 EOI 命令，中断优先级采用完全嵌套方式，8 级中断源的中断类型分别为 08H～0FH，写出初始化程序。

解　程序如下：

```
MOV   DX, 20H
MOV AL, 00010011B
OUT DX, AL                ；写入ICW1
MOV   DX, 21H
MOV AL, 08H
```

```
OUT DX, AL              ; 写入 ICW2
MOV   AL, 00001101B
OUT DX, AL              ; 写入 ICW4
XOR AL, AL
OUT DX, AL              ; 写入 OCW1
  …
STI
  …
```

例 6.2 假定初始化之后，8259A 工作于完全嵌套方式，要求使 IR_3 的中断级能够允许任何级别的中断中断其中断服务程序，即 8259A 按特殊屏蔽方式工作。因而在响应 IR_3 而执行 IR_3 的中断服务程序时，在 A 处，写入 OCW_1 以屏蔽 IR_3，然后写入 OCW_3 使 ESMM = SMM = 1，于是从 A 处开始，8259A 进入特殊屏蔽方式，此后继续执行 IR_3 的中断服务程序。在中断服务结束之前，再向 8259A 写入 OCW_3 使 ESMM = 1，SMM = 0，结束特殊屏蔽方式，返回到完全嵌套方式，接着写入 OCW_1，撤销对 IR_3 的屏蔽，最后写入 OCW_2，向 8259A 发出 EOI 命令。此例说明在 IR_3 的中断服务程序的 A 处至 B 处，允许任何级别的中断源中断 IR_3 的服务程序(除本身之外)。写出上述过程对应的程序。

解 程序如下：

```
…                       ; IR3 中断服务程序入口保护现场
STI                     ; STI 开中断
…                       ; 服务程序
MOV AL, 00001000B       ; 写入 OCW1，使 IM3 = 1
OUT 21H, AL             ; OCW1
MOV AL, 01101000B       ; 写入 OCW3，使 ESMM = SMM = 1
OUT 20H, AL             ; OCW3
…                       ; 继续服务
MOV AL, 01001000B       ; 写入 OCW3，使 ESMM = 1，SMM = 0
OUT 20H, AL             ; OCW3
MOV AL, 00H             ; 写入 OCW1，使 IM3 = 0 中断返回
OUT 21H, AL             ; OCW1
MOV AL, 00100000B       ; 写入 OCW2，普通的 EOI 命令
OUT 20H, AL             ; OCW3 EOI 命令
```

例 6.3 读 8259A 相关寄存器的内容。设 8259A 的端口地址为 20H、21H，请读入 IRR、ISR、IMR 寄存器的内容，并相继保存在数据段以 2000H 开始的内存单元中；若该 8259A 为主片，请用查询方式查询哪个从片有中断请求。

解 程序如下：

```
MOV    AL, xxx01010B          ；发 OCW3，欲读取 IRR 的内容
   OUT 20H, AL
   IN   AL, 20H               ；读入并保存 IRR 的内容
   MOV [2000H], AL
   MOV AL, xxx01011B          ；发 OCW3，欲读取 ISR 的内容
   OUT 20H, AL
   IN   AL, 20H               ；读入并保存 ISR 的内容
   MOV [2001H], AL
   IN AL, 21H                 ；读入并保存 ISR 的内容
   MOV [2002H], AL
   MOV AL, xxx0110xB          ；发 OCW3，欲查询是否有中断请求
   OUT 20H，AL
   IN   AL, 20H               ；读入相应状态，并判断最高位是否为 1
   TEST AL, 80H
   JZ DONE
   AND AL, 07H                ；判断中断源的编码
        …
   DONE:HLT
```

习　　题

1. 何谓中断优先级，它对于实时控制有什么意义？8086/8088 CPU 系统中，NMI 与 INTR 哪个优先级高？

2．试结合 8086/8088 的 INTR 中断响应过程，说明向量中断的基本概念和处理方法。

3．在中断响应总线周期中，第一个 $\overline{INTA}$ 脉冲向外部电路说明什么？第二个脉冲呢？

4．中断向量表的功能是什么？已知中断类型码分别是 84H 和 FAH，它们的中断向量应放在中断向量表的什么位置？

5．试说明 8259A 芯片的可编程序性。8259A 芯片的编程有哪两种类型？

6．8259A 芯片是如何实现对 8 级中断进行管理的？又是如何级联实现对 64 级中断管理的？

7．在 8259A 级联工作的情况下，主片的 CAS_0～CAS_2 与从片的 CAS_0～CAS_2 的作用有何不同？

8．在采用 8259A 作为中断控制器的系统中，由 IR_i 输入的外部中断请求，能够获得 CPU 响应的基本条件是什么？

9．中断向量表的功能是什么？已知中断类型码分别是 84H 和 FAH，它们的中断向量应放在中断向量表的什么位置？

第 7 章　可编程定时/计数器 8253

7.1　定时与计数

7.1.1　概述

在微机系统或智能化仪器仪表的工作过程中，经常需要使系统处于定时工作状态，或者对外部过程进行计数。定时或计数的工作实质均为对脉冲信号的计数，如果计数的对象是标准的内部时钟信号，由于其周期恒定，故计数值就恒定地对应于一定的时间，这一过程即为定时，如果计数的对象是与外部过程相对应的脉冲信号(周期可以不相等)，则此过程即为计数。

7.1.2　定时与计数的实现方法

1．硬件法

硬件法是指专门设计一套电路用于实现定时与计数，其特点是需要使用一些硬件设备，且当电路制成之后，定时值及计数范围不能改变。

2．软件法

软件法是指利用一段延时子程序来实现定时操作，无需太多的硬件设备，控制比较方便，但在定时期间，CPU 不能从事其他工作，降低了机器的利用率。

3．软硬件结合法

软硬件结合法是指设计一种专门的具有可编程特性的芯片来控制定时和计数的操作，这些芯片具有中断控制能力，需要定时、计数时能产生中断请求信号，定时期间不影响 CPU 的正常工作。

7.2　定时/计数器芯片 Intel 8253

Intel 8253 是 8086 微机系统常用的定时/计数器芯片，它具有定时与计数两大功能。

7.2.1　8253 的一般性能概述

(1) 每个 8253 芯片有 3 个独立的 16 位计数器通道。

(2) 每个计数器通道都可以按照二进制或十进制(BCD 码)计数。

(3) 每个计数器的计数速率可以高达 2 MHz。

(4) 每个通道有 6 种工作方式，可以由程序设定和改变。

(5) 所有的输入、输出电平都与 TTL 兼容。

7.2.2　8253 内部结构

8253 的内部结构如图 7.1 所示。

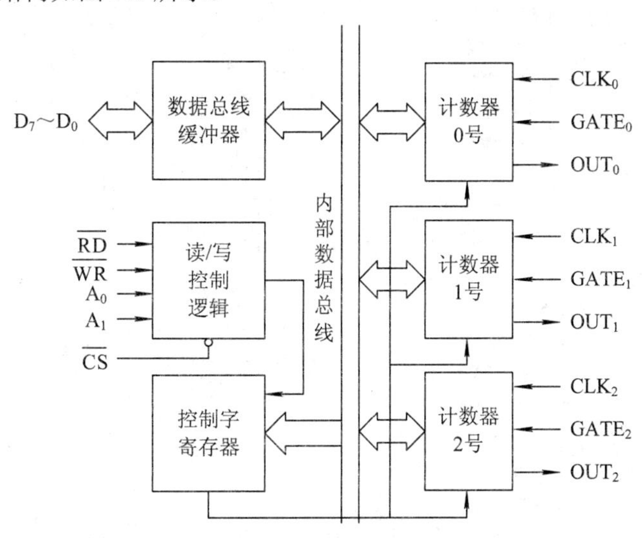

图 7.1　8253 的内部结构

1．数据总线缓冲器

数据总线缓冲器是实现 8253 与 CPU 数据总线连接的 8 位双向三态缓冲器，用于传送 CPU 对 8253 的控制信息、数据信息以及 CPU 从 8253 读取的状态信息，包括某时刻的实时计数值。

2．读/写控制逻辑

读/写控制逻辑控制 8253 的片选及对内部相关寄存器的读/写操作，它接收 CPU 发来的地址信号以实现片选、内部通道选择以及对读/写操作的控制。

3．控制字寄存器

在 8253 的初始化编程时，由 CPU 写入控制字，以决定通道的工作方式，控制字寄存器只能写入，不能读出。

4．计数通道 0#、1#、2#

计数通道 0#、1#、2#是三个独立的、结构相同的计数器/定时器通道，每一个通道包含一个 16 位的计数寄存器(用以存放计数初始值)，一个 16 位的减法计数器和一个 16 位的锁存器。锁存器在计数器工作的过程中，跟随计数值的变化，在接收到 CPU 发来的读计数值命令时，用于锁存计数值，供 CPU 读取，读取完毕之后，输出锁存器又跟随计数值变化。

7.2.3　8253 的外部引脚

8253 芯片是具有 24 个引脚的双列直插式集成电路芯片，其引脚分布如图 7.2 所示。8253 芯片的 24 个引脚分为两组，一组面向 CPU，另一组面向外部设备，各个引脚及其所传送信号的情况如下。

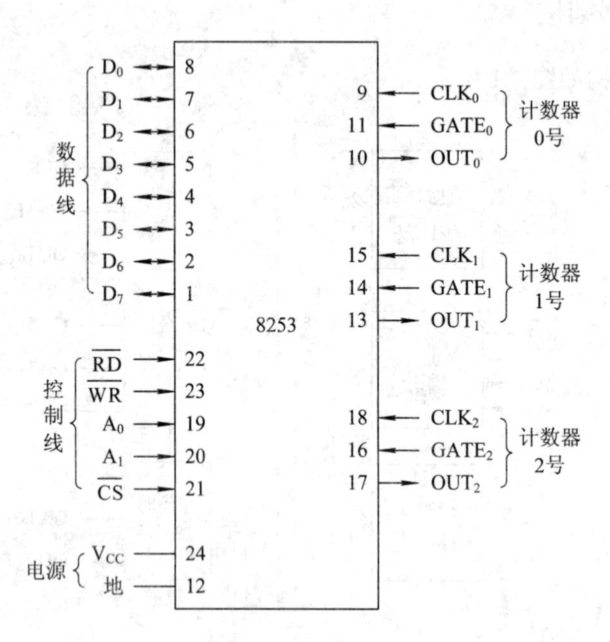

图 7.2　8253 的引脚

(1) D_7～D_0：双向、三态数据线引脚，与系统的数据线连接，用于传送控制、数据及状态信息。

(2) $\overline{RD}$：CPU 的读控制信号输入引脚，低电平有效。

(3) $\overline{WR}$：CPU 的写控制信号输入引脚，低电平有效。

(4) $\overline{CS}$：芯片选择信号输入引脚，低电平有效。

(5) A_1、A_0：地址信号输入引脚，用于选择 8253 芯片的通道及控制字寄存器。A_1、A_0 的状态与 8253 端口地址的对应关系如表 7.1 所示。

表 7.1　A_1、A_0 状态与 8253 端口地址的对应关系

A_1	A_0	端口地址
0	0	0#通道
0	1	1#通道
1	0	2#通道
1	1	控制端口

(1) V_{CC} 及 GND：+5 V 电源及接地引脚。

(2) CLK_i：i = 0，1，2，第 i 个通道的计数脉冲输入引脚，8253 规定，加在 CLK 引脚的输入时钟信号的频率不得高于 2.6 MHz，即时钟周期不能小于 380 ns。

(3) $GATE_i$：i = 0，1，2，第 i 个通道的门控信号输入引脚，门控信号的作用与通道的工作方式有关。

(4) OUT_i：i = 0，1，2，第 i 个通道的定时/计数到信号输出引脚，输出信号的形式由通道的工作方式确定，此输出信号可用于触发其他电路工作，或作为向 CPU 发出的中断请求信号。

7.2.4　8253 的控制字

8253 有一个 8 位的控制字寄存器，其格式如图 7.3 所示。

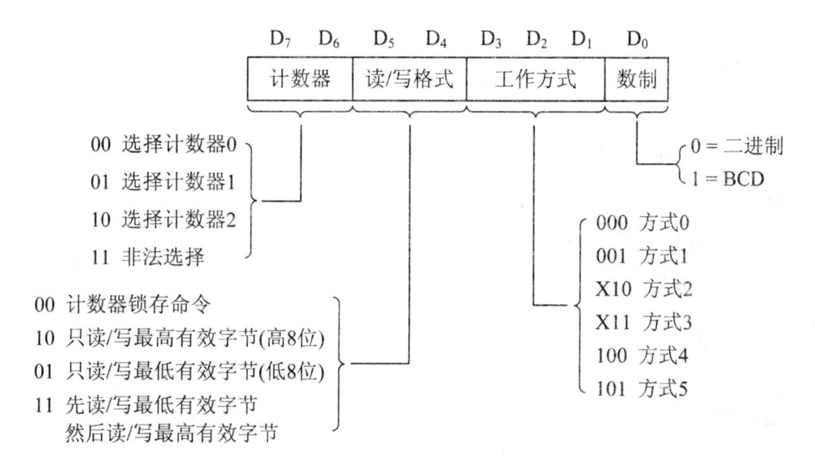

图 7.3　8253 的控制字寄存器

其中，

D_0：数制选择控制。为 1 时，表明采用 BCD 码进行定时/计数；否则，采用二进制进行定时/计数。

D_3～D_1：工作方式选择控制。为 000 时，工作方式为 0；为 001 时，为方式 1；X10，为方式 2；X11，为方式 3；100，为方式 4；101，为方式 5。

D_5、D_4：读/写格式。00，为计数锁存命令；01，只读/写高 8 位命令；10，只读/写低 8 位命令；11，先读/写低 8 位，再读写高 8 位命令。

D_7、D_6：计数器通道选择控制。00，选择 0 通道；01，选择 1 通道；10，选择 2 通道；11，为非法选择。

7.2.5　8253 的初始化编程

要使用 8253，首先必须进行初始化编程，初始化编程包括设置通道控制字和送通道计数初值两个步骤，控制字写入 8253 的控制字寄存器，而初始值则写入相应通道的计数寄存器中。

初始化编程包括如下步骤：

(1) 写入通道控制字，规定通道的工作方式；

(2) 写入计数值，若规定只写低 8 位，则高 8 位自动置 0；若规定只写高 8 位，则低 8 位自动置 0。若为 16 位则计数值分两次写入，先写低 8 位，后写高 8 位。D_0用于确定计数数制，0，二进制；1，BCD 码。

例 7.1　设 8253 的端口地址为 04H～0AH，要使计数器 1 工作在方式 0，仅用 8 位二进制计数，且计数值为 128，试进行初始化编程。

解　控制字为：01010000B=50H

初始化程序如下：

```
MOV AL, 50H
OUT 0AH, AL
MOV AL, 80H
OUT 06H, AL
```

例 7.2　设 8253 的端口地址为 F8H～FEH，若用通道 0 工作在方式 1，按十进制计数，计数值为 5080H，试进行初始化编程。

解　控制字为：00110011B = 33H

初始化程序如下：

```
MOV AL, 33H
OUT 0FEH, AL
MOV AL, 80H
OUT 0F8H, AL
MOV AL, 50H
OUT 0F8H, AL
```

例 7.3　设 8253 的端口地址为 04H～0AH，若用通道 2 工作在方式 2，按二进制计数，计数值为 02F0H，试进行初始化编程。

解　控制字为：10110100B=0B4H

初始化程序如下：

```
MOV AL, 0B4H
OUT 0AH, AL
MOV AL, 0F0H
OUT 08H, AL
MOV AL, 02H
OUT 08H, AL
```

7.2.6　读取 8253 通道中的计数值

8253 可用控制命令来读取相应通道的计数值，由于计数值是 16 位的，读取的瞬时值

要分两次读取，所以在读取计数值之前，要用锁存命令将相应通道的计数值锁存在锁存器中，然后分两次读取，先读低字节，后读高字节。

当控制字中 $D_5D_4 = 00$ 时，将相应通道的计数值锁存，锁存计数值在读取完成之后，自动解锁。

如要读通道 1 的 16 位计数器，程序如下(地址 0F8H～0FEH)：

```
MOV   AL, 40H
OUT   0FEH, AL          ；锁存计数值
IN    AL, 0FAH
MOV   CL, AL            ；低八位
IN    AL, 0FAH
MOV   CH, AL            ；高八位
```

7.2.7　8253 在系统中的连接

8253 在系统中的连接如图 7.4 所示。

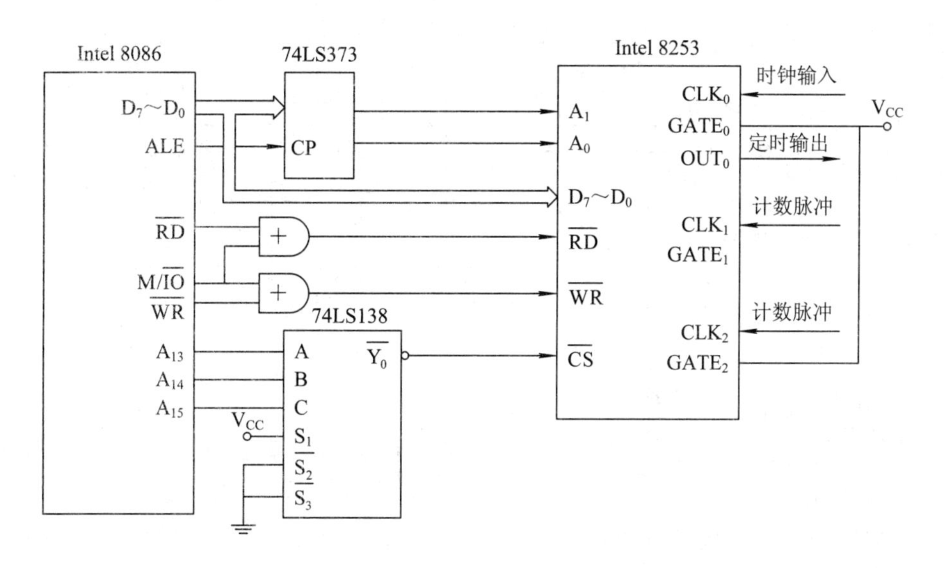

图 7.4　Intel 8253 在系统中的连接

7.2.8　8253 的工作方式

8253 共有 6 种工作方式，各方式下的工作状态是不同的，输出的波形也不同。门控信号的灵活运用形成了 8253 丰富的工作方式，下面简要介绍几条基本原则和各个工作方式。

1. 几条基本原则

(1) 控制字写入计数器时，所有的控制逻辑电路立即复位，输出端 OUT 进入初始状态。初始状态对不同的模式来说不一定相同。

(2) 计数初始值写入之后，要经过一个时钟周期的上升沿和一个下降沿，计数执行部件才可以开始计数操作，因为第一个下降沿将计数寄存器的内容送减 1 计数器。

(3) 通常，在每个时钟脉冲 CLK 的上升沿，触发采样门控信号 GATE。不同的工作方式下，门控信号的触发方式不同，有电平触发和边沿触发两种，在有的工作方式中，两种触发方式都是允许的。其中，方式 0、2、3、4 是电平触发方式，方式 1、2、3、5 是上升沿触发方式。

(4) 在时钟脉冲的下降沿，计数器作减 1 计数，0000 是计数器所能容纳的最大初始值，二进制相当于 2^{16}，用 BCD 码计数时，相当于 10^4。

2．方式 0——计数结束产生中断

方式 0 的波形如图 7.5 所示，当控制字写入控制字寄存器后，输出 OUT 变低，当计数值写入计数器后开始计数。在整个计数过程中，OUT 保持为低，当计数到 0 后，OUT 变高；GATE 的高低电平控制着计数过程是否进行。

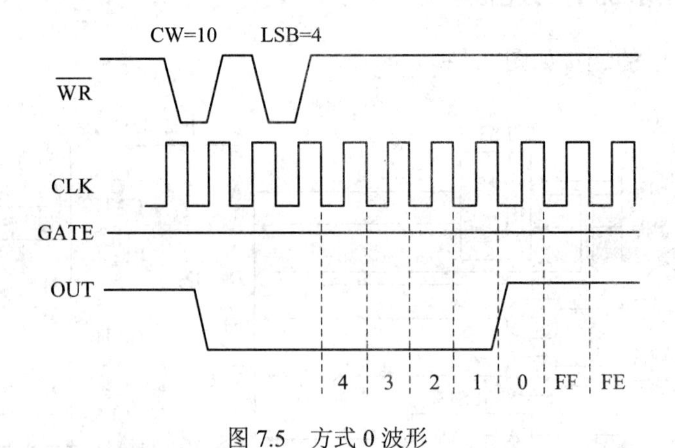

图 7.5　方式 0 波形

从波形图中不难看出，工作方式 0 有如下特点：

(1) 计数器只计一遍，当计数到 0 时，不重新开始计数，直到输入新的计数值，OUT 才变低，开始新的计数。

(2) 计数值是在写计数值命令后经过一个输入脉冲，才装入计数器的，下一个脉冲开始计数，因此，如果设置计数器初值为 N，则输出 OUT 在 $N+1$ 个脉冲后才能变高。

(3) 在计数过程中，可由 GATE 信号控制计数过程是否继续。当 GATE = 0 时，暂停计数；当 GATE = 1 时，继续计数。

(4) 在计数过程中可以改变计数值，且这种改变是立即有效的，分成两种情况：若是 8 位计数，则写入新值后的下一个脉冲按新值计数；若是 16 位计数，则在写入第一个字节后停止计数，写入第二个字节后的下一个脉冲按新值计数。

3．方式 1——可编程的硬件触发单拍脉冲

方式 1 的波形如图 7.6 所示，CPU 向 8253 写入控制字后 OUT 变高，并保持，写入计数值后并不立即计数，只有当外界 GATE 信号启动后(一个正脉冲)的下一个脉冲才开始计数，OUT 变低，计数到 0 后，OUT 才变高，此时若再来一个 GATE 正脉冲，计数器又开始重新计数，输出 OUT 再次变低，因此输出为单拍负脉冲。

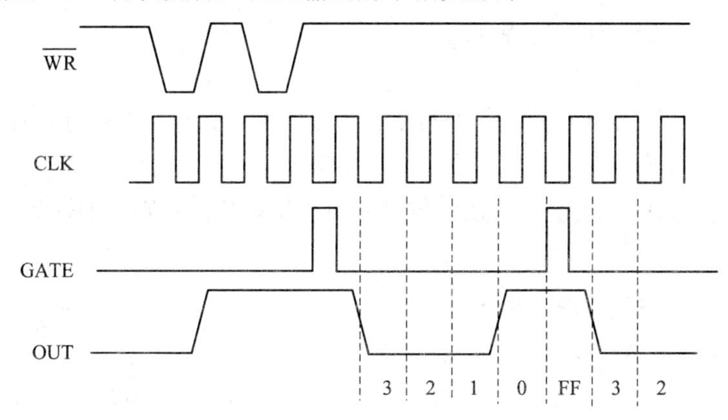

图 7.6　方式 1 波形

从波形图不难看出，方式 1 有下列特点：

(1) 输出 OUT 的宽度为单脉冲的计数值。

(2) 输出受门控信号 GATE 的控制，分三种情况：

① 计数到 0 后，再来 GATE 脉冲，则重新开始计数，OUT 变低。

② 在计数过程中来 GATE 脉冲，则从下一 CLK 脉冲开始重新计数，OUT 保持为低。

③ 改变计数值后，只有当 GATE 脉冲启动后，才按新值计数，否则原计数过程不受影响，仍继续进行，即新值的计数是从下一个 GATE 开始的。

(3) 计数值是多次有效的，每来一个 GATE 脉冲，就自动装入计数值开始从头计数，因此在初始化时，计数值写入一次即可。

4. 方式 2——速率发生器

方式 2 的波形如图 7.7 所示，在这种方式下 CPU 输出控制字后，输出 OUT 就变高，写入计数值后的下一个 CLK 脉冲开始计数，计数到 1 后，输出 OUT 变低，经过一个 CLK

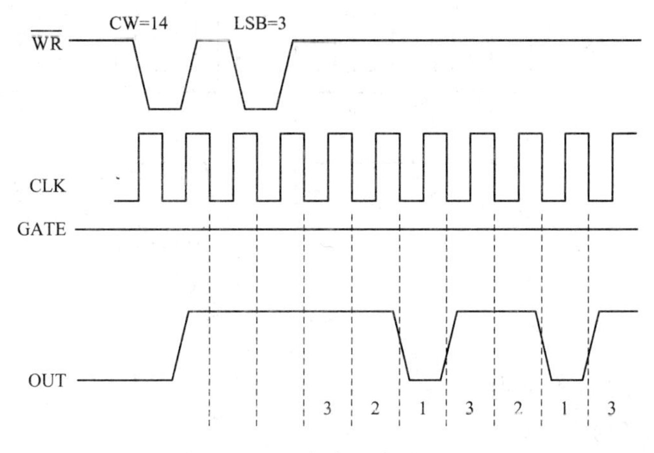

图 7.7　方式 2 波形

以后，OUT 恢复为高，计数器重新开始计数，因此在这种方式下，只需写入一次计数值，就能连续工作输出连续相同间隔的负脉冲(前提：GATE 保持为高)，即周期性地输出。

在方式 2 下，8253 有下列特点：

(1) 通道可以连续工作。

(2) GATE 可以控制计数过程，当 GATE 为低时暂停计数，恢复为高后重新从初值计数(注意：该方式与方式 0 不同，方式 0 是继续计数)。

(3) 重新设置新的计数值，即在计数过程中改变计数值，则新的计数值是下次有效的，同方式 1。

5．方式 3——方波速率发生器

方式 3 的波形如图 7.8 所示，这种方式下的输出与方式 2 都是周期性的，只不过周期不同。在方式 3 下，CPU 写入控制字后输出 OUT 变高，写入计数值后开始计数，但是是减 2 计数，当计数到一半计数值时输出变低，重新装入计数值进行减 2 计数，当计数到 0 时输出变高，装入计数值进行减 2 计数，循环不止。

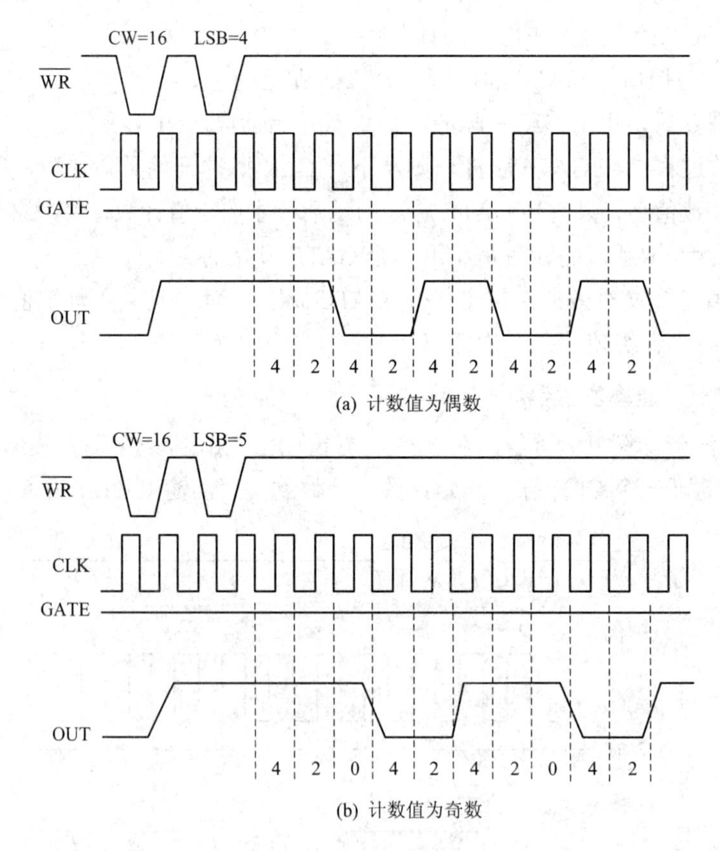

图 7.8　方式 3 波形

在方式 3 下，8253 有下列特点：

(1) 通道可以连续工作。

(2) 计数值若为偶数，则输出标准方波，高低电平各为 N/2 个；若为奇数，则在装入计数值后的下一个 CLK 使其装入，然后减 1 计数，经过(N+1)/2 个高电平，OUT 改变状态，减 1 计数经过(N−1)/2 个低电平减至 0，OUT 又改变状态，重新装入计数值循环此过程，因此，在这种情况下，输出有(N+1)/2 个 CLK 高电平，(N−1)/2 个 CLK 低电平。

(3) GATE 信号能使计数过程重新开始，当 GATE = 0 时，停止计数，当 GATE 变高后，计数器重新装入初值开始计数，尤其是当 GATE = 0 时，若 OUT 此时为低，则立即变高，其他动作同上。

(4) 在计数期间改变计数值不影响现行的计数过程，一般情况下，新的计数值是在现行半个周期结束后才装入计数器的。但若中间遇到有 GATE 脉冲，则在此脉冲后即装入新值开始计数。

6. 方式 4——软件触发的选通信号发生器

方式 4 的波形如图 7.9 所示，在这种方式下，当 CPU 写入控制字后，OUT 立即变高，写入计数值开始计数，当计数到 0 后 OUT 变低，经过一个 CLK 脉冲后 OUT 变高，这种计数是一次性的(与方式 0 有相似之处)，只有当写入新的计数值后才开始下一次计数。

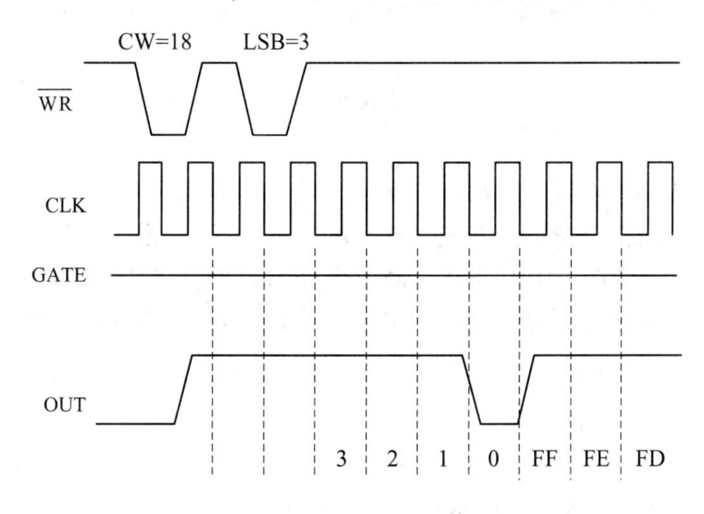

图 7.9　方式 4 波形

在方式 4 下，8253 有下列特点：

(1) 当计数值为 N 时，则间隔 $N + 1$ 个 CLK 脉冲输出一个负脉冲(计数一次有效)。

(2) GATE = 0 时，禁止计数；GATE = 1 时，恢复继续计数。

(3) 在计数过程中重新装入新的计数值，则该值是立即有效的(若为 16 位计数值，则装入第一个字节时停止计数，装入第二个字节后开始按新值计数)。

7. 方式 5——硬件触发的选通信号发生器

方式 5 的波形如图 7.10 所示，在这种方式下，当控制字写入后，OUT 立刻变高，写入计数值后并不立即开始计数，而是由 GATE 的上升沿触发启动计数，当计数到 0 时输出变低，经过一个 CLK 之后，输出恢复为高计数停止，若再有 GATE 脉冲来，则重新装入计数值开始计数，重复上述过程。

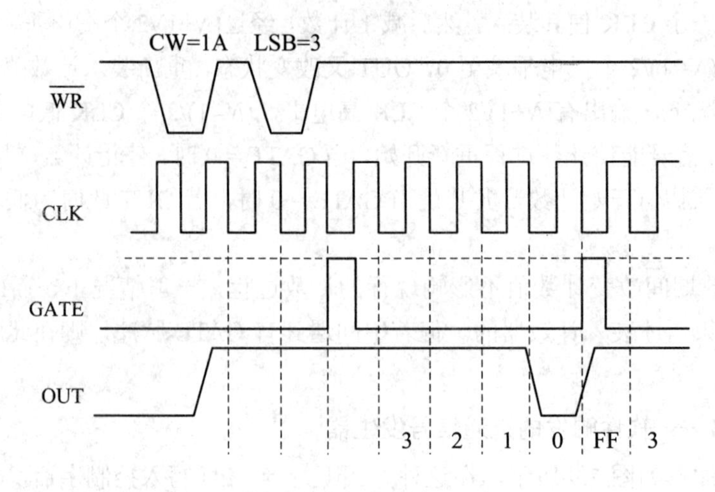

图 7.10　方式 5 波形

方式 5 下，8253 有下列特点：

(1) 在这种方式下，若设置的计数值是 N，则在 GATE 脉冲后，经过($N+1$)个 CLK 才输出一个负脉冲。

(2) 若在计数过程中又来一个 GATE 脉冲，则重新装入初值开始计数，输出不变，即计数值多次有效。

(3) 若在计数过程中修改计数值，则在下一个 GATE 脉冲后开始按新值计数。

尽管 8253 有 6 种工作模式，但是从输出端来看，仍为计数和定时两种工作状态。作为计数器时，8253 在 GATE 的控制下进行减 1 计数，减到终值时输出一个信号；作为定时器工作时，8253 在门控信号 GATE 的控制下进行减 1 计数，减到终值时又自动装入初始值，重新作减 1 计数，于是输出端会不断地产生时钟周期整数倍的定时时间间隔。

8．8253 的工作方式小结

(1) 方式 2、4、5 的输出波形是相同的，都是宽度为一个 CLK 周期的负脉冲，但方式 2 连续工作，方式 4 由软件触发启动，方式 5 由硬件触发启动。

(2) 方式 5 与方式 1 工作过程相同，但输出波形不同，方式 1 输出的是宽度为 N 个 CLK 脉冲的低电平有效的脉冲(计数过程中输出为低)，而方式 5 输出的为宽度为一个 CLK 脉冲的负脉冲(计数过程中输出为高)。

(3) 输出端 OUT 的初始状态，方式 0 在写入控制字后输出为低，其余方式在写入控制字后输出均变高。

(4) 任一种方式，均是在写入计数初值之后才开始计数，方式 0、2、3、4 都是在写入计数初值之后开始计数的，而方式 1 和方式 5 需要外部触发启动后才开始计数。

(5) 6 种工作方式中，只有方式 2 和方式 3 是连续计数，其他方式都是一次计数，要继续工作需要重新启动，方式 0、4 由软件启动，方式 1、5 由硬件启动。

(6) 门控信号的作用：通过门控信号 GATE，可以干预 8253 某一通道的计数过程。在不同的工作方式下，门控信号起作用的方式也不一样，其中，方式 0、2、3、4 是电平起作用，方式 1、2、3、5 是上升沿起作用，电平上升沿都可以对方式 2、3 起作用。

(7) 在计数过程中改变计数值，它们的作用有所不同。

(8) 计数到 0 后计数器的状态不同，方式 0、1、4、5 继续倒计数，变为 FF、FE…，而方式 2、3，则自动装入计数初值继续计数。

7.2.9　8253 的编程应用

例 7.4　CPU 为 8086，用 8253 的通道 0，每隔 2 ms 输出一个负脉冲，设 CLK 为 2 MHz，完成软件设计。

分析　时间常数的计算：已知时钟频率 F 及定时时间 t，求计数初值 N。

因为　$$N \cdot \frac{1}{F} = t$$

所以　$$N = t \cdot F$$

设用方式 2，时间常数：

$$N = 2\times10^{-3}\times2\times10^{6} = 4\times10^{3}$$

控制字：00110100——二进制

端口地址：CH0——00H；控制端口——06H

初始化编程：

```
MOV AL, 34H         ; 00110100B
OUT 06H, AL
MOV AX, 4000
OUT 00H, AL         ; 先送低八位
MOV AL, AH
MOV AL, 02H
OUT 00H, AL         . 再送高八位
```

思考　若定时 20 ms(即输出 50 Hz 的方波，设为工作方式 2)，CLK 改为 4 MHz，CPU 为 8086，软硬件设计又该如何？

分析　N = 4 MHz • 20 ms = 80 000(超过 65 536，必须考虑用两个通道级连)即将第一级的 OUT 输出作为第二级的 CLK 输入，取第二级的 OUT 输出为最后结果，超过二级，以此类推。此时只需将计算出的 N 分别为(N_1、N_2…)作为各级的计数初值即可。如本例可分解成 4 × 20 000。

程序从略。

习　　题

1. 8253 芯片共有几种工作方式？每种方式各有什么特点？
2. 某系统中 8253 芯片的通道 0～2 和控制端口地址分别为 FFF0H～FFF3H。定义通道

0 工作在方式 2，CLK_0 =2 MHz，要求输出 OUT_0 为 1kHz 的速率波；定义通道 1 工作在方式 1 并输出外部计数事件，每计满 100 个向 CPU 发出中断请求。试写出 8253 通道 0 和通道 1 的初始化程序。

3．试编写程序，使 IBM PC 机系统板上的发声电路发出 200 Hz～900 Hz 频率连续变化的报警声。

4．已知：PC/XT 微机系统中用作定时及计数的 8253 芯片的通道为 40H，其主频率为 1.19 MHz，请参阅例 7.4，对三个通道进行初始化设置(CNT_2 的输出方波频率设为 2 kHz)。

5. 设 8253 的通道 2 工作在计数方式，外部事件从 CLK_2 引入，通道 2 每计 500 个脉冲向 CPU 发出中断请求，CPU 响应这一中断后继续写入计数值，重新开始计数，保持每 1 秒钟向 CPU 发出中断请求。假设条件如下：

(1) 8253 的通道 2 工作在方式 4；

(2) 外部计数事件频率为 1 kHz；

(3) 中断类型号为 54H；

(4) 8253 各端口地址如上题；

(5) 用 8212 芯片产生中断类型号(注：8212 为带 8 位输入锁存器和 8 位输出缓冲器的总线接口电路)。

试编写程序完成以上任务，并画出硬件连接图。

6. 试说明定时和计数在实际系统中的应用。这两者之间有何联系和差别？

7. 定时和计数有哪几种实现方法？各有什么特点？

8. 试说明定时/计数器芯片 Intel 8253 的内部结构。

9. 定时/计数器芯片 Intel 8253 占用几个端口地址？各个端口分别对应什么？

第 8 章　可编程并行接口 8255A

8.1　并行通信接口概述

CPU 与外部设备之间常常要进行信息交换，计算机和计算机之间也需要进行信息交换，所有这些信息交换均称为“通信”。通信的基本方式可分为串行通信和并行通信两种。

串行通信是指数据的各位一位一位地进行传送，其特点是通信线路简单，成本低，只需要一对传输线即可，此方式特别适用于远距离通信，但串行通信的速度较慢。

并行通信是指数据的各位同时进行传送的方式，其特点是传输速度快。例如，CPU 与存储器之间的信息交换、CPU 将数据送给打印机等都属于并行通信。但当距离较远、数据位数又较多时，此通信方式通信线路复杂且成本高。

不管是并行通信还是串行通信，通信线路和计算机之间都要通过输入/输出接口连接。接口是 CPU 与外部设备之间进行信息交换的必经通道，它需要完成信息缓冲、信息转换、电平转换、数据存取和传送、联络控制等工作。

并行接口一次可以同时传送一个数据的所有位。对一个具体的并行接口来说，其数据传送方向有两种，一是单向传送(只作为输入口或者输出口)，另一种是双向传送(既可作为输入口，又可作为输出口)。并行接口可以很简单(如锁存器或者三态门)，也可以很复杂(如可编程并行接口芯片)，功能完善的并行接口一般都包括输入/输出数据缓存器、控制寄存器、状态寄存器和总线缓冲器等部件。

8255A 是一个典型的并行通信接口，它是 Intel 公司为 80x86 系列开发的 CPU 配套的可编程并行芯片，具有通用性强、使用灵活的特点。

8.2　并行通信接口芯片 8255A

8.2.1　8255A 的芯片外部引脚

8255A 芯片共有 40 个引脚，采用双列直插式封装结构，引脚信号如图 8.1 所示。

除了电源和接地引脚以外，其他信号可分为主机侧和设备侧两组。

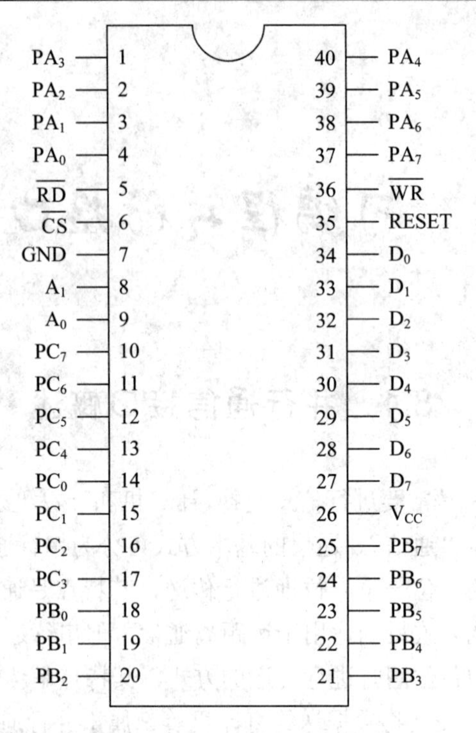

图 8.1　8255A 芯片引脚信号

1. 主机侧信号

D_0～D_7：数据线。通常和系统数据总线的低 8 位相连，用于 CPU 与 8255A 之间传递信息，即 CPU 通过它向 8255A 发送命令，8255A 通过它向 CPU 发送状态、数据。

A_1、A_0：端口选择信号。在 8255A 内部有 3 个数据端口和 1 个控制端口，当 8255A 的 A_1A_0 为 00 时，选中端口 A；为 01 时，选中端口 B；为 10 时，选中端口 C；为 11 时，选中控制端口。

$\overline{CS}$：片选信号，低电平有效。$\overline{CS}$ 有效时允许 8255A 和 CPU 交换信息，一般情况由系统地址总线的某些位通过译码器产生 $\overline{CS}$ 信号。

$\overline{RD}$：读信号，低电平有效。当 $\overline{RD}$ 有效时，CPU 可以从 8255A 中读取数据或状态字。

$\overline{WR}$：写信号，低电平有效。当 $\overline{WR}$ 有效时，CPU 可以向 8255A 中写入数据或控制字。

$\overline{RD}$ 和 $\overline{WR}$ 信号通常接系统中的读/写信号。

2. 设备侧信号

PA_7～PA_0：A 端口数据线。

PB_7～PB_0：B 端口数据线。

PC_7～PC_0：C 端口数据线，在不同工作方式下可兼作控制联络线。

8.2.2　8255A 的内部结构

8255A 内部由三部分电路组成(如图 8.2 所示)：与 CPU 的接口电路、内部控制逻辑电

路以及与外设连接的输入/输出接口电路。

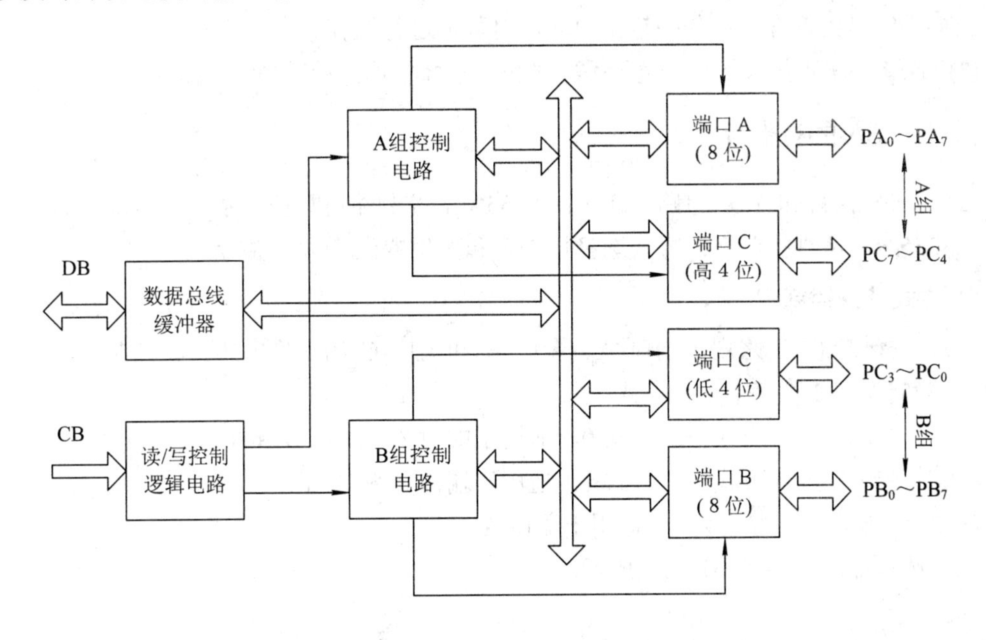

图 8.2　8255A 内部结构框图

1. 与 CPU 的接口电路

与 CPU 的接口电路由数据总线缓冲器和读/写控制逻辑电路组成。

数据总线缓冲器是一个三态、双向的 8 位寄存器，8 条数据线 D_7～D_0 与系统数据总线连接，构成 CPU 与 8255A 之间信息传送的通道，CPU 通过执行输出指令向 8255A 写入控制命令或往外设传送数据，通过执行输入指令读取外设输入的数据。端口 A、端口 B 和端口 C 通过 8255A 内部数据总线与数据总线缓冲器交换信息。

读/写控制逻辑电路用来接收 CPU 系统总线的读信号 $\overline{RD}$、写信号 $\overline{WR}$、片选信号、端口选择信号 A_1A_0 和复位信号 RESET，将这些信号组合后，得到对 A 组、B 组部件的控制命令，以完成对数据信息、状态信息和控制信息的传输。

2. 内部控制逻辑电路

内部控制逻辑电路包括 A 组控制电路与 B 组控制电路两部分，这两组控制电路接收芯片内部总线上的控制字和读写逻辑的读/写命令，以此来控制端口 A、端口 B 的工作方式和读/写操作等。A 组控制寄存器用来控制 A 端口 PA_7～PA_0 和 C 端口的高 4 位 PC_7～PC_4；B 组控制寄存器用来控制 B 端口 PB_7～PB_0 和 C 端口的低 4 位 PC_3～PC_0。

3. 输入/输出接口电路

8255A 有 3 个 8 位数据端口，即端口 A、端口 B 和端口 C，通过软件设置可使它们分别作为输入口或输出口。

(1) 端口 A：对应 1 个 8 位输入锁存器和 1 个 8 位输出锁存/缓冲器，所以用端口 A 作输入/输出时，数据均受到锁存。

(2) 端口B：对应1个8位输入缓冲器和1个8位输出锁存/缓冲器，即端口B作输入时，数据不能受到锁存，而作为输出口时，对数据进行锁存。

(3) 端口C：对应1个8位输入缓冲器和1个8位输出锁存/缓冲器。

8.2.3 8255A的控制字

8255A是可编程的接口电路，通过向8255A的控制端口写控制字来决定各端口的工作方式。8255A有两种控制字：方式选择控制字和按位置位/复位控制字。

1. 方式选择控制字

方式选择控制字用来规定端口A、端口B和端口C的工作方式，其控制字的特征是$D_7=1$。8255A有3种基本工作方式：

(1) 基本输入/输出方式——方式0，适用于端口A、端口B和端口C。

(2) 选通输入/输出方式——方式1，适用于端口A和端口B。

(3) 双向方式——方式2，只适用于端口A。

方式选择控制字格式如图8.3所示。

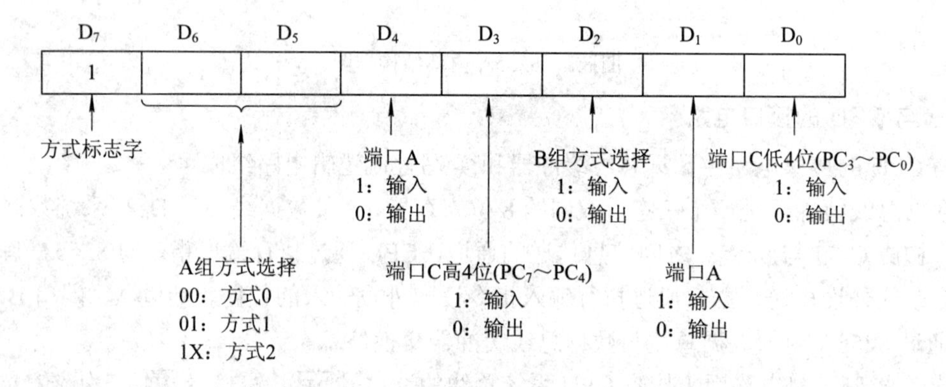

图8.3 8255A的方式选择控制字格式

D_0位：端口C的低4位PC_3～PC_0(C下口)输入/输出方式选择。当$D_0=0$时，C下口为输出方式；当$D_0=1$时，C下口为输入方式。

D_1位：端口B输入/输出方式选择。当$D_1=0$时，端口B为输出方式；当$D_1=1$时，端口B为输入方式。

D_2位：端口B工作方式选择。当$D_2=0$时，端口B工作于方式0；当$D_2=1$时，端口B工作于方式1。

D_3位：端口C的高4位PC_7～PC_4(C上口)输入/输出方式选择。当$D_3=0$时，C上口为输出方式；当$D_3=1$时，C上口为输入方式。

D_4位：端口A输入/输出方式选择。当$D_4=0$时，端口A为输出方式；当$D_4=1$时，端口A为输入方式。

D_6、D_5位：端口A工作方式选择。当D_6D_5为00时，端口A工作在方式0；当为01时，端口A工作在方式1；当为10或11时，端口A工作在方式2。

端口 A 可以工作在 3 种方式的任何一种，端口 B 只能工作在方式 0 和方式 1，如果端口 A 被设置为方式 1 或方式 2，或者端口 B 设置为方式 1，则端口 C 常配合端口 A 和端口 B 工作，为端口 A 和端口 B 提供控制信号和状态信号。

2. 按位置位/复位控制字

端口 C 可用来作为位控方式使用，这时用置位/复位控制字单独设置端口 C 各位，该控制字的特征是 D_7=0，其格式如图 8.4 所示。

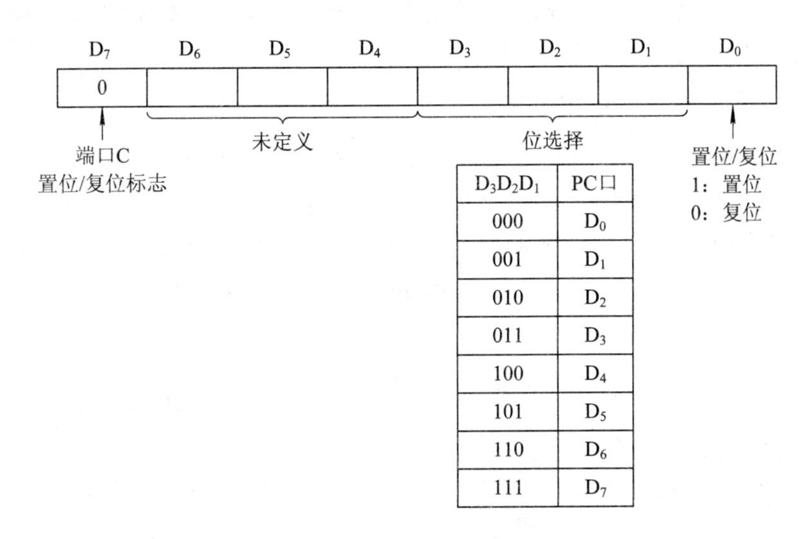

$D_3D_2D_1$	PC口
000	D_0
001	D_1
010	D_2
011	D_3
100	D_4
101	D_5
110	D_6
111	D_7

图 8.4　端口 C 的置位/复位控制字格式

其中，D_0 确定置“1”还是置“0”，D_3、D_2、D_1 确定设置端口 C 的哪一位。该控制字送控制口，用标志位 D_7 =0 与方式选择控制字进行区分。例如，将端口 C 的 D_1 位置成“1”的控制字为 0×××0011B。应注意的是，应将端口 C 的置位/复位控制字写入控制端口。

8255A 的初始化编程只需要将工作方式控制字写入控制端口即可。另外，端口 C 置位/复位控制字的写入只是对端口 C 指定位输出状态起作用，对端口 A 和端口 B 的工作方式没有影响，因此只有需要在初始化时指定端口 C 某一位的输出电平时，才写入端口 C 置位/复位控制字。

例 8.1　设 8255A 的端口 A 工作在方式 0，数据输出，端口 B 工作在方式 1，数据输入，编写初始化程序(设 8255A 的端口地址为 FF80H～FF83H)。

初始化程序如下：

```
MOV   DX, 0FF83H        ; 控制寄存器端口地址为 FF83H
MOV   AL, 10000110B     ; 端口 A 方式 0，数据输出，端口 B 方式 1，数据输入
OUT   DX, AL            ; 将控制字写入控制端
```

例 8.2　将 8255A 的端口 C 中 PC_0 设置为高电平输出，PC_5 设置为低电平输出，编写初始化程序(设 8255A 的端口地址为 FF80H～FF83H)。

初始化程序如下：

```
MOV   DX, 0FF83H        ; 控制端口的地址为 FF83H
```

```
MOV   AL, 00000001B      ; PC0 设置为高电平输出
OUT   DX, AL             ; 将控制字写入控制端口
MOV   AL, 00001010B      ; PC5 设置为低电平输出
OUT   DX, AL             ; 将控制字写入控制端口
```

8.2.4 8255A 的工作方式

8255A 有 3 种工作方式：基本输入/输出方式、单向选通输入/输出方式和双向选通输入/输出方式。

1. 方式 0——基本输入/输出方式

在这种方式下，端口 A、端口 B 和端口 C 的两个 4 位端口可通过方式字任意规定为输入或输出口。外设可随时接收微处理器送出的数据，也可随时提供数据给 CPU，不需要“选通”和“状态”信号。该工作方式典型的例子是以开关作为输入信号，以发光二极管或其他显示器作为输出，如图 8.5 所示。初始化和操作流程如图 8.6 所示。

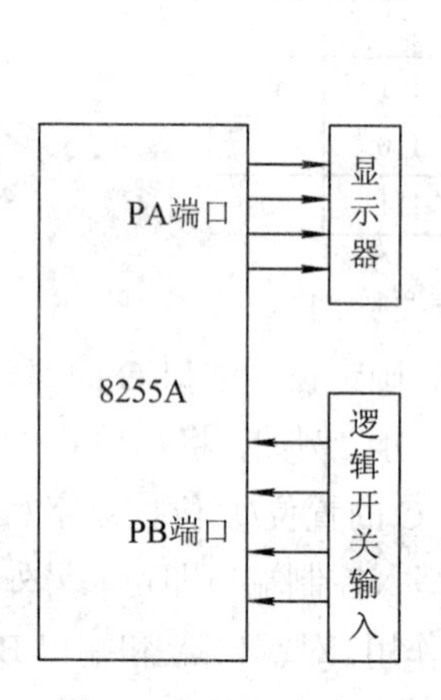

图 8.5 8255A 方式 0

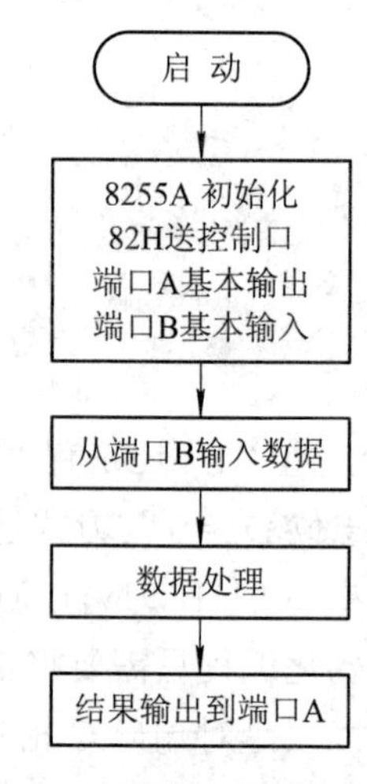

图 8.6 8255A 方式 0 初始化和操作流程

8255A 方式 0 的输入时序如图 8.7 所示。

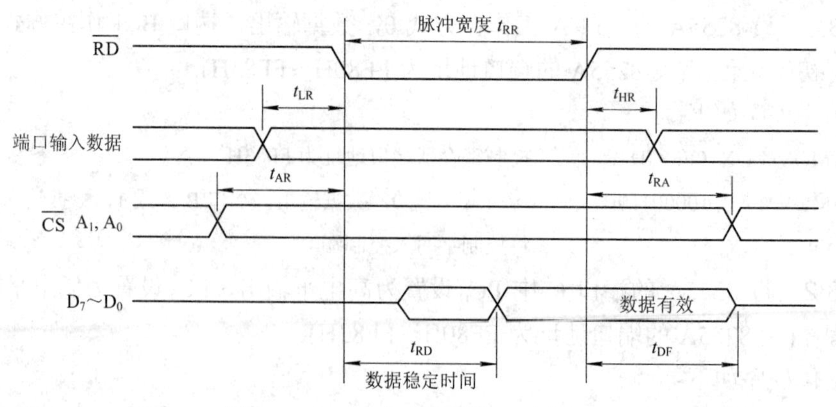

图 8.7 8255A 方式 0 的输入时序

CPU 发出地址信号，使 $\overline{CS}$ 、A_1A_0 有效，输入数据领先 $\overline{RD}$ ，即外设先准备好数据，CPU 给出 $\overline{RD}$ 信号后 t_{RD} 时间，数据在数据线上稳定。方式 0 要求输入数据保持到读信号结束后才消失，这是因为方式 0 对输入数据不锁存，这一要求在数据输入时应该特别注意。在整个读出期间，地址信号保持有效，读脉冲宽度至少为 300 ns。

8255A 方式 0 的输出时序如图 8.8 所示。

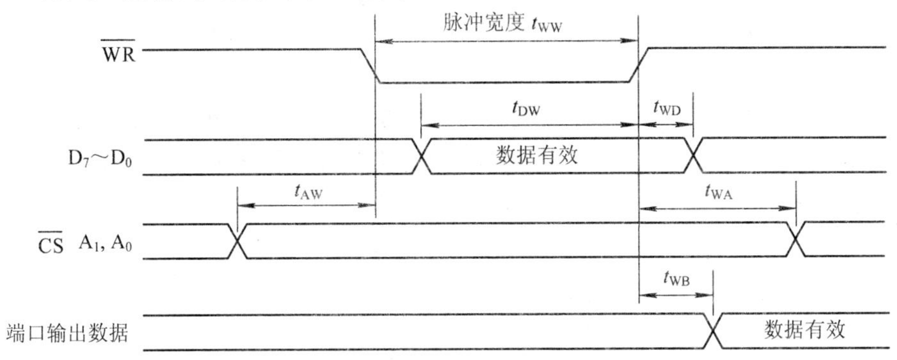

图 8.8　8255A 方式 0 的输出时序

CPU 发出地址信号，使 $\overline{CS}$ 、A_1、A_0 有效，地址信号必须在写信号前 t_{AW} 时间有效，并且保持到写信号撤销后 t_{WA} 时间才消失。写脉冲至少有 400 ns，数据必须在写信号结束前 t_{DW} 时间就能出现在数据总线上，且保持 t_{WD} 时间。在写信号结束后最多再经过 t_{WB} 时间，CPU 输出的数据就可以出现在 8255A 的指定端口，从而可以输出到外设。

方式 0 可用于无条件传送方式和查询方式。在无条件传送时，发送方和接收方要求互相知道对方的动作，不需要应答信号，即 CPU 不需要查询外设的状态。

2. 方式 1——单向选通输入/输出工作方式

若端口 A 和端口 B 之一工作在方式 1，则端口 C 中有 3 位要配合方式 1 工作，其他位可工作在方式 0，若端口 A、端口 B 都为方式 1，则端口 C 要有 6 位配合两端口的工作，剩下两位可为 I/O 线。具体说就是，当端口 A 工作在方式 1 的输入/输出时，端口 C 的 PC_7、PC_6、PC_3 或 PC_5、PC_4、PC_3 配合端口 A 工作；当端口 B 工作在方式 1 的输入/输出时，端口 C 的 PC_2、PC_1、PC_0 配合端口 B 工作。

1) 方式 1 输入

方式 1 各控制信号定义如图 8.9 所示。当端口 A 工作在方式 1 并作为输入端口时，端口 C 的 PC_4 接收外设对 8255A 的选通信号 $\overline{STB_A}$ ，PC_5 作为“输入缓冲器满信号”IBF_A，PC_3 作为“中断请求信号”$INTR_A$；当端口 B 工作在方式 1 并作为输入端口时，端口 C 的 PC_2 接收选通信号 $\overline{STB_B}$ ，PC_1 作为“输入缓冲器满信号”IBF_B，PC_0 作为“中断请求信号”$INTR_B$。

对于各控制信号说明如下：

$\overline{STB}$：选通信号输入端，低电平有效。它由外设送给 8255A，当 $\overline{STB}$ 有效时，8255A 接收外设送来的 8 位数据，外设将数据送入 8255A 输入缓冲器。

IBF：缓冲器满输出信号，它是 8255A 输出的状态信号，高电平有效。当 IBF 有效时，

表示当前已有一个新的数据在 8255A 的输入缓冲器中，该信号一般供 CPU 查询，当查询到有效时，即可以将缓冲器中的数据读入 CPU。

INTR：中断请求信号，高电平有效。它是 8255A 向 CPU 发出的信号，INTR 在 STB 无效、IBF 有效时向 CPU 发请求信号，表示选通信号结束，外设已将一个数据送进输入缓冲器中，并且输入缓冲器满信号已为高电平时，8255A 通过 INTR 引脚向 CPU 发中断请求信号，在 CPU 响应中断读取输入缓冲器中的数据时，由读信号 $\overline{RD}$ 的下降沿将 INTR 清除为低电平。

INTE：中断允许信号，它是控制中断允许信号。INTE 没有外部的引出端，由对端口 C 的置位/复位控制字对其进行设置，对 PC_4 置 1 使端口 A 处于中断允许状态，即允许端口 A 向 CPU 发 $INTR_A$ 信号，置 0 为禁止 $INTR_A$ 状态，即不允许端口 A 向 CPU 发中断信号；与此类似，对 PC_2 置 1 使 $INTR_B$ 处允许状态，置 0 为禁止状态。

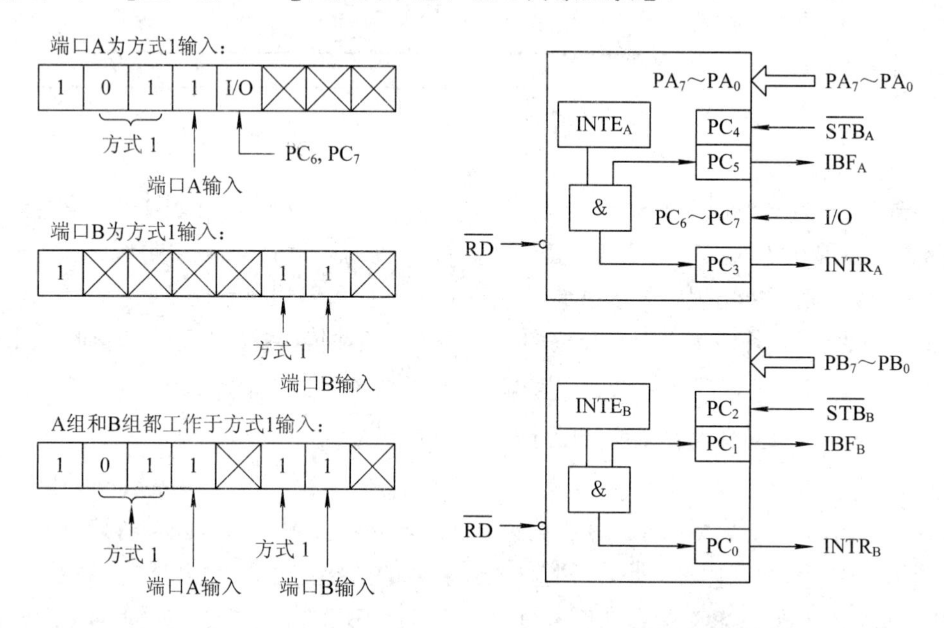

图 8.9　方式 1 时输入端口对应的控制信号和状态信号

总之，STB 将外设数据送入 8255A 输入缓冲器，然后使 IBF 有效，当 STB 完毕且 IBF 有效时，发出 INTR 信号，CPU 响应中断并取走数据，并用 $\overline{RD}$ 信号清除 INTR，读完后清除 IBF 信号。8255A 工作在方式 1 的输入时序图如图 8.10 所示。

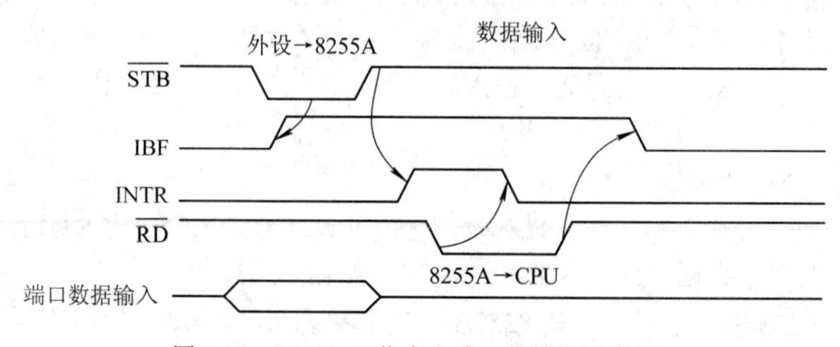

图 8.10　8255A 工作在方式 1 的输入时序图

2) 方式 1 输出

当端口 A 工作在方式 1 并作为输出端口时，端口 C 的 PC_7 接收“输出缓冲器满信号”OBF_A，PC_6 作为外设“接收数据后的响应”信号 ACK_A，PC_3 作为“中断请求信号”$INTR_A$；当端口 B 工作在方式 1 并作为输出端口时，端口 C 的 PC_1 作为“输出缓冲器满信号”OBF_B，PC_2 作为外设“接收数据后的响应”信号 ACK_B，PC_0 作为“中断请求信号”$INTR_B$。

当端口 A 和端口 B 都工作在方式 1 输出的情况下，端口 C 中共有 6 位被定义为控制信号端和状态信号端，仅剩下 PC_4 和 PC_5 未用，这时，可以通过方式选择控制字的 D_3 位定义 PC_4 和 PC_5 的传输方向。如当方式选择控制字的 $D_3=1$ 时，PC_4 和 PC_5 作为输入使用；当 $D_3=0$ 时，PC_4 和 PC_5 作为输出使用。图 8.11 是端口 A 和端口 B 工作在方式 1 输出情况下，应该设置的方式选择控制字和控制信号、状态信号的示意图。

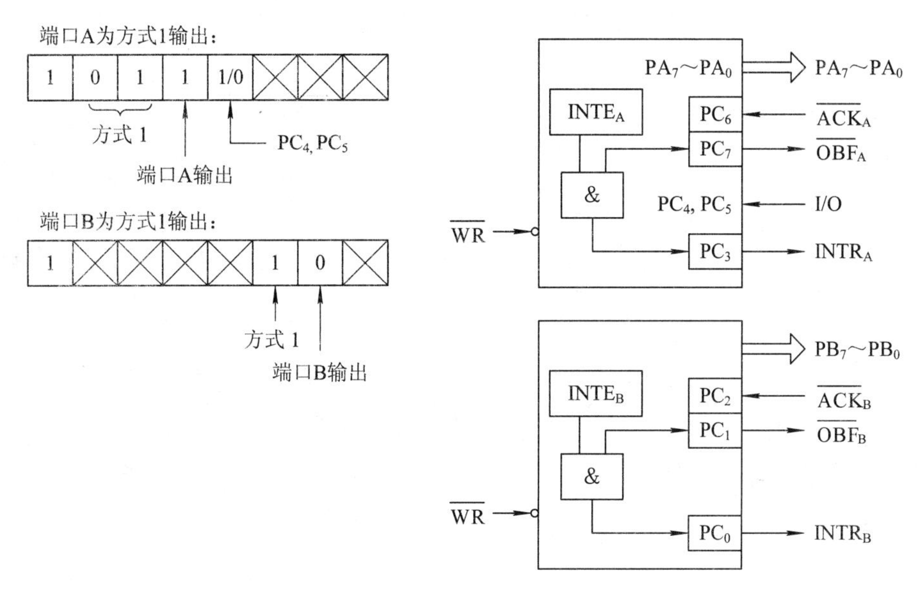

图 8.11　方式 1 时输出端口对应的控制信号和状态信号

各控制信号说明如下：

$\overline{ACK}$：外设响应信号，它是由外设送给 8255A 的，低电平有效。$\overline{ACK}$ 有效时表示外设已从 8255A 中取走端口数据。

$\overline{OBF}$：输出缓冲器满信号，低电平有效。$\overline{OBF}$ 由 8255A 送给外设，$\overline{OBF}$ 有效时表示 CPU 已向端口输出数据，所以，$\overline{OBF}$ 是 8255A 用来通知外设取走数据的信号，是由 $\overline{WR}$ 信号将 $\overline{OBF}$ 置为有效电平即低电平，当外设取走数据后由 $\overline{ACK}$ 的有效电平使其恢复成无效电平。

INTR：中断请求信号，高电平有效。当外设取走数据从而发出 $\overline{ACK}$ 信号后，8255A 便向 CPU 发中断请求信号，要求 CPU 再次输出数据给 8255A。所以，当 $\overline{ACK}$ 变为高电平，$\overline{OBF}$ 也变为高电平即无效时，8255A 发出请求信号 INTR。当 CPU 向 8255A 写数据使 $\overline{WR}$ 变为下降沿时，INTR 变为低电平，即清除 INTR。

INTE：中断允许信号，它是控制中断允许信号，与端口 A 和端口 B 工作在方式 1 输

入情况时 INTE 一样。

方式 1 的输出时序如图 8.12 所示。由于方式 1 自动规定了有关的控制信号和状态信号，尤其是规定了中断请求信号，所以方式 1 可用于中断方式传送数据的场合。如果外部设备能为 8255A 提供选通和应答信号，那么 8255A 也常用于方式 1。

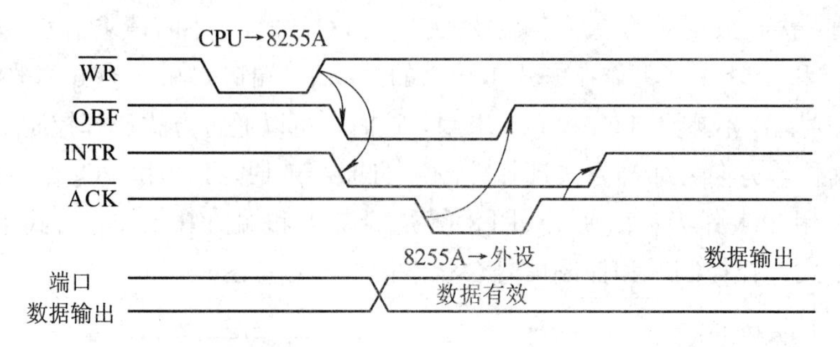

图 8.12　方式 1 的输出时序图

3．方式 2——双向选通输入/输出方式

方式 2 只能用于端口 A，在方式 2 下，CPU 既可以从端口 A 读数据，又可以向端口 A 写数据，此时端口 C 的 5 条引线配合端口 A 提供联络信号。端口 A 工作于方式 2 时联络线的定义如图 8.13 所示。其中，图 8.13(a)是方式控制字示意图，图 8.13(b)是端口 C 提供的控制信号和状态信号示意图。

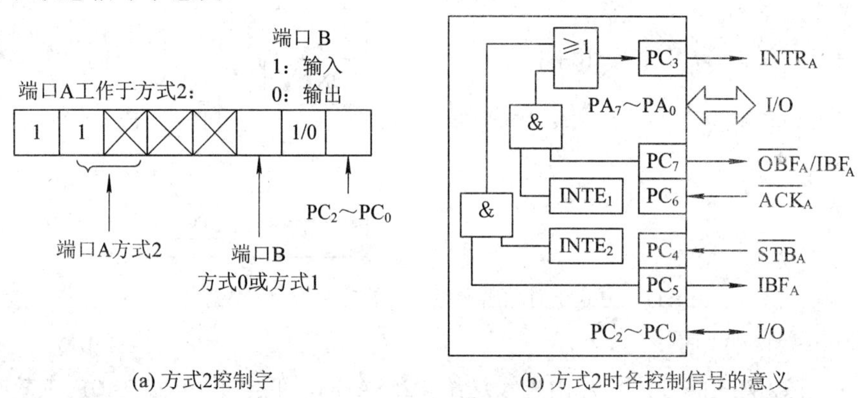

(a) 方式2控制字　　(b) 方式2时各控制信号的意义

图 8.13　方式 2 时控制信号

$INTR_A$：中断请求信号，高电平有效。不管是输入操作还是输出操作，当一个操作完成后，8255A 都通过 $INTR_A$ 引脚向 CPU 发中断申请信号。即当外设取走数据，从而向 8255A 发 $\overline{ACK}$ 信号后，8255A 便向 CPU 发中断请求信号，表明外设已取走数据；在 $\overline{STB}_A$ 无效、IBF 有效时 8255A 也向 CPU 发 $INTR_A$ 请求信号，表示 CPU 可以读取输入缓冲器中的数据。$INTR_A$ 由 CPU 向 8255A 写数据时，$\overline{WR}$ 信号清除。

$\overline{STB}_A$：选通信号输入端，低电平有效。它是由外设送往 8255A 的，当 $\overline{STB}_A$ 有效时，外设将数据送入 8255A 输入缓冲器。

IBF_A：输入缓冲器满信号，这是 8255A 送往 CPU 的状态信息，高电平有效。表示当前已有一个新的数据在 8255A 的输入缓冲器中，待 CPU 取走数据。

$\overline{OBF_A}$：输出缓冲器满信号，低电平有效。$\overline{OBF_A}$ 由 8255A 送给外设，$\overline{OBF_A}$ 有效时表示 CPU 已向端口 A 输出数据，所以，$\overline{OBF_A}$ 是 8255A 用来通知外设取走数据的信号。

$\overline{ACK_A}$：外设响应 $\overline{OBF_A}$ 的信号，低电平有效。它使 8255A 的端口 A 的输出缓冲器开启，送出数据，否则输出缓冲器处于高阻状态。即当信号有效时，表示外设已从 8255A 中取走端口的数据。

$INTE_1$：中断允许信号。当 $INTE_1$ 为 1 时，则允许 8255A 通过 $INTR_A$ 向 CPU 发输出允许中断请求信号，以通知 CPU 向 8255A 的端口 A 输出一个数据；当 $INTE_1$ 为 0 时，则禁止 8255A 向 CPU 发中断请求信号。对 $INTE_1$ 置位或清零是通过对 PC_6 置 1/清零而实现的。

$INTE_2$：中断允许信号。当 $INTE_2$ 为 1 时，端口 A 的输入处于输入中断允许状态，当 $INTE_2$ 为 0 时，端口 A 的输入处于中断屏蔽状态。中断允许时，当 8255A 的端口 A 接收到外设数据时可以通过 $INTR_A$ 向 CPU 发中断请求信号，请求 CPU 将数据取走。$INTE_2$ 的设置是软件通过对 PC_4 置 1/清零来实现的。

方式 2 的时序即为方式 1 下输入和输出时序的组合，这里不再重复。由于方式 2 是一种双向的工作方式，所以该方式适用于既是并行输入设备又是并行输出设备的情况。

端口 C 在各种方式下的意义如表 8.1 所示。当端口 A 工作于方式 2 时，端口 B 可工作于方式 0 输入或输出、方式 1 的输入或输出。端口 A 和端口 B 任选有 16 种组合，此时由表 8.1 可知各种组合时端口 C 引线的意义。

表 8.1　端口 C 在各种方式下的意义

端口C	方式0(I/O)	方式1输入	方式1输出	方式2
PC_7		I/O	$\overline{OBF_A}$	$\overline{OBF_B}$
PC_6		I/O	$\overline{ACK_A}$	$\overline{ACK_A}$
PC_5	I/O线	IBF_A	I/O	IBF_A
PC_4		$\overline{STB_A}$	I/O	$\overline{STB_A}$
PC_3		$INTR_A$	$INTR_A$	$INTR_A$
PC_2		$\overline{STB_B}$	$\overline{ACK_B}$	I/O
PC_1		IBF_B	$\overline{OBF_B}$	I/O
PC_0		$INTR_B$	$INTR_B$	I/O

8.2.5　8255A 的连接、初始化及应用举例

8255A 作为通用的 8 位并行通信接口芯片，其用途非常广泛，可以与 8 位、16 位和 32 位 CPU 相连接，构成并行通信系统。下面通过几个例子来讨论 8255A 在应用系统中的接口设计方法及编程技巧。

例 8.3　电路如图 8.14 所示，端口 B 接 4 个开关用来输入 4 位二进制数(0～F)，端口 A 接的是 8 段显示器，要求根据 8255A 的端口 B 输入的二进制情况，将其从端口 A 输出。8255A 的地址是 0FFF8H、0FFFAH、0FFFCH 和 0FFFEH。

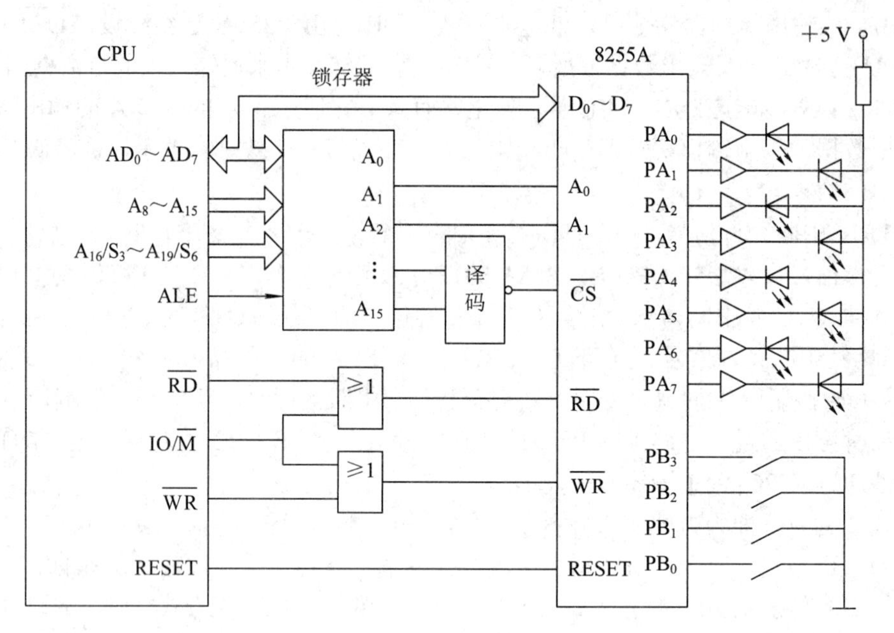

图 8.14　8255A 应用

解　端口 A 工作于基本输出方式，端口 B 工作于基本输入方式，所以方式控制字为 82H。循环读取端口 B 数据，然后到字段表中取段码，最后送到端口 A 显示。程序如下：

```
        MOV AL, 82H
        MOV DX, 0FFFEH          ; 设置方式控制字
        OUT DX, AL
    LM：OV DL, 0FAH
        IN AL, DX               ; 读 B 口开关数据
        AND AL, 0FH             ; 屏蔽高 4 位
        MOV BX, OFFSETBUFFER
        XLAT                    ; 取段码
        MOV DL, 0F8H  ；A 口
        OUT DX, AL              ; 输出段码显示
        JMP L
        HLT
```

例 8.4　8255A 作为连接打印机的接口，工作于方式 0，连接如图 8.15 所示。

解　当主机要往打印机输出字符时，先查询打印机的忙信号，如果打印机正在处理一个字符或正在打印一个字符，则忙信号为 1，反之，则忙信号为 0。因此，当查询到忙信号为 0 时，则可通过 8255A 往打印机输出一个字符。此时，要将选通信号置成低电平，然后再使 $\overline{STB}$ 为高电平，这样相当于在 $\overline{STB}$ 端输出一个负脉冲(在初始状态，$\overline{STB}$ 也是高电平)，此负脉冲作为选通脉冲将字符选通到打印机输入缓冲器。现将端口 A 作为传送字符的通道，工作于方式 0，输出；端口 B 未用；端口 C 工作于方式 0，PC_2 作为 BUSY 信号输入端，

故 PC_3～PC_0 为输入方式，PC_6 作为 $\overline{STB}$ 信号，故 PC_7～PC_4 为输出方式。

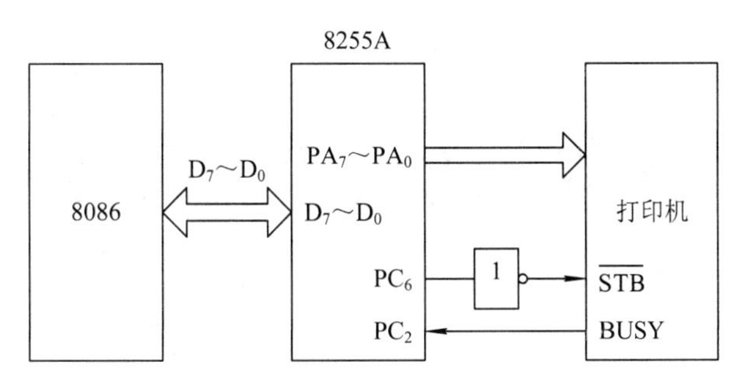

图 8.15　8255A 应用——打印机

设 8255A 的端口地址为

端口 A：00D0H　端口 B：00D2H

端口 C：00D4H　控制端口：00D6H

具体查询程序段如下：

```
PP:     MOV AL, 81H         ; 控制字，使 A、B、C 三个端口均工作于方式 0
        OUT 0D6H, AL        ; A 端口为输出，PC3～PC0 为输入方式，PC7～PC4 为输出方式
        MOV AL, 0CH         ; 用置 1/置 0 方式使 PC6 为 0
        OUT 0D6H, AL        ; 使 STB 为高电平
LSPT:   IN AL, 0D4H         ; 读端口 C 的值
        AND AL, 04H         ; 测试 D2 位
        JNZ LSPT            ; 如不为 0，说明忙信号为 1，即打印机处于忙状态，故循环测试
        MOV AL, DATA［SI］  ; 如不忙，则把数据段中一字符送端口 A
        OUT 0D0H, AL
        MOV AL, 0DH         ; 使 STB 为 0
        OUT 0D6H, AL
        DEC AL              ; 使 STB 为 1
        OUT 0D6H, AL
        …                   ; 后续程序段
```

习　　题

1. 8255A 有哪几种工作方式？各适用于什么场合？

2. 设 8255A 的 A 口工作于方式 1 输出，B 口工作于方式 0 输入，试编写初始化程序。

3. 使用 8255A 作为开关和显示器的接口，设 8255A 的 A 口连接 8 个开关，B 口连接 8 个指示灯，要求将 A 口的开关状态读入，然后送至 B 口显示，画出硬件电路图，并编写程序。

附录A CPU的发展历程

下面简单介绍CPU的发展历程。

1. 16位处理器与分段

IA-32体系结构系列是由16位处理器——8086和8088开始的(1978年)。8086有16位寄存器和16位外部数据总线，具有20位寻址能力，能提供1 MB字节的地址空间。8088除了有8位外部数据总线外，其他都与8086相类似。

8086/8088把分段引进至IA-32体系结构。分段使得16位寄存器可以包含指向多至64 KB的内存段的指针，同时可用4个段寄存器，8086/8088处理器能在无段间切换的情况下寻址256 KB空间。用段寄存器加上16位指针可形成20位地址，以提供1 MB的地址范围。这在当时可用资源有限的情况下，大大提高了寻址范围。

2. Intel 286处理器

Intel 286处理器(1982年)在IA-32体系结构中引进了保护模式操作。保护模式用段寄存器内容作为选择子或指针指向描述符表。描述符提供24位基地址，因而可以有多至16 MB的物理存储器空间；在段对换的基础上支持虚拟存储器管理以及一些保护方式机制，比如段界限检查；具有只读和只执行段选项；具有4个特权级。附图1为一款常见的Intel 286处理器

附图1

3. Intel 386处理器

Intel 386处理器(1985年)是IA-32体系结构系列中的第一个32位处理器，它引进32位寄存器用于同时保存操作数与地址。每个32位寄存器的低一半保持早期版本的16位寄存器的特性，以允许后向兼容。处理器也提供了一种虚拟8086方式，以允许执行为8086/8088

处理器建立的程序，具有更高的效率。Intel 386 支持分页管理，页尺寸固定为 4 KB，提供虚拟存储器管理的方法。同时，它还支持 32 位地址总线，以支持多达 4 GB 的物理存储器。

4．Intel 486 处理器

Intel 486 处理器(1989 年)是最后一代以数字编号的 CPU。它扩展了 386 处理器的指令译码，与执行单元形成 5 个流水线阶段，增加了更多的平行执行能力。每个阶段的操作与其他阶段是平行的，以允许多至 5 条指令在不同的阶段执行。此外，该处理器增加了集成的 x87FPU，还有节电与系统管理能力。

5．Pentium(奔腾)时代

1993 年，英特尔发布了 Pentium(奔腾)处理器。本来按照惯常的命名该处理器应被命名为 80586，但是因为在实际中“586”这样的数字不能注册成为商标使用，因此英特尔决定使用自造的新词——Pentium 来作为新产品的商标。Pentium 处理器集成了 310 万个晶体管，最初推出的版本的初始频率是 60 MHz、66 MHz，后来提升到 200 MHz 以上。第一代的 Pentium 代号为 P54C，但是由于其 Socket 插座与其后推出的 Socket 7 不同，除了不能升级以外，还极有可能是有内部缺陷的产品，最后，当时的英特尔总裁安迪葛洛夫于 1993 年 11 月 29 日向全球用户道歉，并承诺回收产品，最终重新赢得了消费者的信任，Pentium 再度成为市场上最畅销的产品。

6．Pentium Pro

1995 年 Intel 推出了 Pentium Pro(中文名称“高能奔腾”)，尽管性能不错，但远没有达到远超对手的程度，加上价格十分昂贵，因此 Pentium Pro 在实际市场的生命期也非常短，但 Pentium Pro 的设计思想和总体架构却对 Intel 此后的处理器设计产生了深远的影响，如新的处理器对多媒体功能提供了很好的支持。Pentium Pro 的工作频率有 150 MHz、166 MHz、180 MHz 和 200 MHz 四种，而且都具有 16 KB 的一级缓存和 256 KB 的二级缓存，有 550 万个晶体管。Pentium Pro 的推出，为以后 Intel 推出 PⅡ奠定了基础。

7．Pentium Ⅳ 时代

2000 年英特尔发布了 Pentium4 处理器，自此 Intel 来到了一个独霸江湖的时代。基于 Pentium 4 处理器的个人电脑可以让用户创建专业品质的影片，通过因特网传递电视品质的影像，并能够进行实时语音、影像通讯，实时 3D 渲染，快速进行 MP_3 编码解码运算以及在连接因特网时运行多个多媒体软件。附图 2 为一款常见的 Pentium 4 处理器。

附图 2

Pentium 4 的 NetBurst 架构是 Intel 处理器沿用时间最长的一代构架，该架构具有较快的系统总线以及高级传输缓存。Pentium 4 在此基础上还提供了 SSE2 指令集。尽管如今的 Pentium 4 已经是众人皆知的产品，但是其在发展初期并不是一帆风顺。第一代 Pentium 4(Willamette)的核心就饱受批评。起初 P4 处理器集成了 4200 万个晶体管，并设计有 256 KB 二级缓存，但整体性能受到很大影响。很快改进版的 Pentium 4(Northwood)出现了，新款处理器集成了 5500 万个晶体管，制造工艺达到 0.18 μm。当然 Pentium 4 也有对应型号的 Celeron 处理器，来应对低端市场。Socket 478 的 Pentium 4 处理器面积很小，其针脚排列极为紧密。英特尔公司的 Pentium 4 系列和 P4 赛扬系列都采用此接口。随着制造工艺的进步，新 Prescot(普雷斯科特)核心处理器的制造工艺全面提升到了 90 纳米，其核心处理器的晶体管数量已由原来的 5500 万提升到现在的 1.25 亿，晶体管数量的增加使得芯片存储量增至原来的两倍，而芯片的体积更小，这样就大幅提高了芯片运行速度。

8．安腾(Itanium)处理器

2001 年英特尔推出的 Itanium 处理器是 64 位处理器家族中的首款产品。2002 年英特尔推出安腾 2(Itanium2)处理器，该处理器能为数据库、计算机辅助工程、网上交易安全等提供优秀的性能基础。

9．Core2 Duo 处理器

2006 年 7 月 27 日英特尔推出了新一代基于 Core 微架构的产品体系 Core2 Duo，这是一个跨平台的构架体系，该系列产品覆盖服务器版、桌面版、移动版三大领域。其中，服务器版的开发代号为 Woodcrest，桌面版的开发代号为 Conroe，移动版的开发代号为 Merom。全新的 Core 架构彻底抛弃了 NetBurst 架构，全部采用 65 nm 制造工艺，全线产品均为双核心，二级缓存容量提升到 4 MB，晶体管数量达到 2.91 亿，核心尺寸仅为 143 mm^2，性能提升 40%，能耗降低 40%，主流产品的平均能耗为 65 W，前端总线频率提升至 1066 MHz (Conroe)，1333 MHz(Woodcrest)、800 MHz(Merom)。

10．Penryn 家族处理器

2006 年的 Core 微架构取代 NetBurst 微架构，让 Intel 的 Tick-Tock 微架构发展战略呈现在了人们的面前。每一个 Tick-Tock 代表着两年一次的工艺制程进步。每个 Tick-Tock 中的“Tick”，代表着工艺的提升、晶体管的变小，并在此基础上增强原有的微架构，而“Tock”则表示在维持相同工艺的前提下，进行微架构的革新。这样在制程工艺和核心架构两条提升道路上，交替进行，避免同时革新可能带来的失败风险，降低研发的周期，并最终提升产品的竞争力。

Intel 于 2007 年 11 月 12 日在美国发布了基于 Core 微体系架构的“Penryn”家族。相比于前者，Penryn 把工艺制程提升至 45 nm，因此 Penryn 仅属于 Intel 的“Tick”。其中，双核处理器内部集成了超过 4 亿个晶体管，而四核处理器则拥有超过 8 亿个晶体管。随着工艺制程的进一步提升和集成晶体管数量的增加，晶体管内部的漏电现象也愈加明显。为了解决这一问题，Intel 在“Penryn”家族中使用了基于铬元素的高 K 金属栅极硅制程技术。从65 nm到45 nm的工艺提升不仅仅缩小了芯片的面积，Penryn家族还新增了相当多的技术特性，其中包括SSE4(SIMD流指令扩展4)，用于增强媒体性能。同时还增强了英特尔虚拟化技术，以及更快的数字除法运算速度、更快的缓存及内存读取速度，还降低总体能源的消耗。

Penryn 家族桌面版双核处理器的核心代号是“Wolfdale”，四核处理器的核心代号是“York field”，是65 nm Core架构的升级版。其中，Wolfdale是双核心Core2Duo的下一代，Yorkfield是四核心Core2 Extreme和Core2 Quad的继任者。

11. Nehalem家族处理器

2008年末，新的Nehalem微架构推出，它是在Core微架构的骨架上增添了SMT、3层Cache、TLB和分支预测的等级化、IMC、QPI和支持DDR3等技术。该系列全部产品的型号名称中带有“i”字母，像我们平时说的“Bloomfield”、“Lynnfield”、“Clarkdale”这些都是处理器核心的代号，而不是产品型号名称。

Nehalem架构的主要特点：

(1) 缓存设计：采用三级全内含式Cache设计，L1的设计与Core微架构一样；每个核心各拥有256 KB的L2Cache；L3则采用共享式设计。

(2) 集成了内存控制器(IMC)：内存控制器从北桥芯片组上转移到CPU片上，支持三通道DDR3内存，内存读取延迟大幅减少，内存带宽则大幅提升。

(3) 快速通道互联(QPI)：取代前端总线(FSB)的一种点到点连接技术，20位宽的QPI连接其带宽可达25.6 GB/s，远超原来的FSB。

(4) 加入SSE4.2指令集，有效提升了XML和文本处理的性能。

基于Nehalem微架构的Bloomfield处理器(Bloomfield也是产品代号)已经被正式命名为“酷睿i7”。Intel Core i7是一款45 nm原生四核处理器，处理器拥有8 MB三级缓存，支持三通道DDR3内存。处理器采用LGA1366针脚设计，支持第二代超线程技术，即处理器能以八线程运行。

12. Westmere家族处理器

Westmere是45 nm工艺Nehalem微架构的新工艺升级版，采用32 nm工艺，并增加了AES指令集等新特性。Westmere家族首批产品在桌面上是Clarkdale，双核心，命名为Core i5/i3系列；接下来即将发布的Gulftown，六核心，属于Core i7系列。除了工艺之外，Westmere最大的特点就是最高集成了6个处理器核心，包括12MB L3缓存，多达11.7亿个晶体管。

13. Sandy bridge(SNB)家族处理器

2009年(Tick时间)，Intel处理器制程迈入32 nm时代，2010年的Tock时间，Intel推出代号为SandyBridge的处理器，该处理器采用32 nm制程。Sandy Bridge是Nehalem架构的革新，也是其工艺升级版。Sandy Bridge将有八核心版本，二级缓存仍为512 KB，但三级缓存将扩容至16 MB，而Sandy Bridge的主要特点则是加入了game instrution AVX(Advanced Vectors Extensions)技术，也就是之前的VSSE。Intel宣称使用AVX技术

进行矩阵计算的时候将比 SSE 技术快 90%，这一革新堪比 1999 年 Pentium III 中引入 SSE。

SNB 家族仍然沿用 Core i7/i5/i3 的品牌+2XXX 命名方式，编号上则采用四位数字(见附图 3)。对于桌面版的 CPU 来说：其中第一位均为“2”，代表第二代 Core ix 系列；最后末尾的字母，K 代表不锁定倍频，为高端产品，S 代表性能优化，原始频率比没有字母后缀的低很多，但是单核心加速最高频率基本相同，另外热设计功耗都是 65 W，T 代表功耗优化，热设计功耗只有 45 W 或 35 W，但是频率也是最低的，移动版末尾带有字母 M。

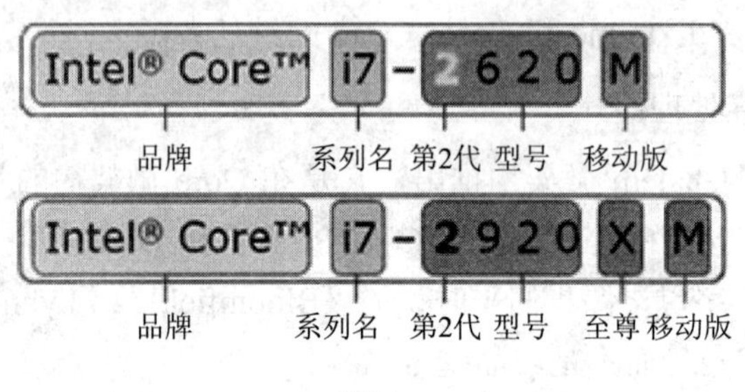

附图 3

14．Ivy bridge 家族处理器

2012 年 4 月 24 日，Intel 在北京正式发布了 Ivy bridge 处理器。32nm Sandy Bridge 已经实现了处理器、图形核心、视频引擎的单芯片封装，其中图形核心拥有最多 12 个执行单元，支持 DX10.1、OpenGL2.1，在此基础上，22nm Ivy Bridge 将执行单元的数量翻一番，最多达到 24 个，自然也会带来性能上的进一步跃进。此前还有消息称，Ivy Bridge 会最终加入对 DX11(Direct 11)软件的支持。

未来处理器领域的整合趋势相当明显，英特尔仍然会将图形核心整合到 CPU 内部，与其搭配的将是 DMI 总线芯片组，并且支持 FDI 功能，即 Flexible Display Interface 技术，此技术可以支持用户同时输出两屏或者三屏显示。英特尔承诺未来的 Ivy Bridge 将会拥有更佳的能效比，这首先要依托更为先进的 22 nm 制造工艺，另外其他的优化也是能效提升的重要因素。

附录B 习题及答案

一、填空

1. 数制转换。

(1) 125D = ( )B = ( )O = ( )H = ( )BCD

(2) 10110110B = ( )D = ( )O = ( )H = ( )BCD

2. 下述机器数形式可表示的数值范围是：单字节无符号整数( )；单字节有符号整数( )。

注：微型计算机的有符号整数机器码采用补码表示，单字节有符号整数的范围为−128～+127。

3. 十六进制数2B.4H转换为二进制数是( )，转换为十进制数是( )。

4. 在浮点加法运算中，在尾数求和之前，一般需要( )操作，求和之后还需要进行( )和舍入等步骤。

5. 三态门有三种输出状态：高电平、低电平、( )状态。

6. 字符“A”的ASCII码为41H，因而字符“E”的ASCII码为( )，前面加上偶校验位后代码为( )H。

7. 数在计算机中的二进制表示形式称为( )。

8. 在计算机中，无符号数最常用于表示( )。

9. 正数的反码与原码( )。

10. 在计算机中浮点数的表示形式有( )和( )两部分组成。

11. 微处理器中对每个字所包含的二进制位数叫( )。

12. MISP是微处理器的主要指标之一，它表示微处理器在1秒钟内可执行( )。

13. PC机主存储器状基本存储单元的长度是( )。

14. 一台计算机所用的二进制代码的位数称为( )，8位二进制数称为( )。

15. 微型计算机由( )、( )和( )组成。

16. 8086 CPU寄存器中负责与I/O端口交换数据的寄存器为( )。

17. 总线由数据总线、地址总线、控制总线组成，数据总线是从微处理器向内存储器、I/O接口传送数据的通路；反之，它也是从内存储器、I/O接口向微处理器传送数据的通路，因而它可以在两个方向上往返传送数据，称为( )。

18. 一个微机系统所具有的物理地址空间是由( )决定的，8086 系统的物理地址空间为( )字节。

19. 运算器包括算术逻辑部件( )，用来对数据进行算术、逻辑运算，运算结果的一些特征由( )存储。

20. 控制寄存器包括指令寄存器、指令译码器以及定时与控制电路。根据( )的结果，以一定的时序发出相应的控制信号，用来控制指令的执行。

21. 根据功能不同，8086 的标志位可分为( )标志位和( )标志位。

22. 8086/8088 CPU 内部有( )个( )的寄存器。

23. 在 8086/8088 的 16 位寄存器中，有( )个寄存器可拆分为 8 位寄存器使用。它们是( )，它们又被称为( )。

24. 8086/8088 构成的微机中，每个主存单元对应两种地址( )和( )。

25. 每个存储单元对应唯一的物理地址，其范围是( )。

26. 8088 的 ALE 引脚的作用是( )。

27. 在 8088 读存储器周期中，采样 Ready 线的目的是( )。

28. 8088 在访问 4 个当前段时，代码段、数据段及堆栈段的偏移量分别由( )、( )和( )提供。

29. 堆栈按照( )原则工作，使用( )指明栈顶位置。

30. 在 IBM-PC/XT 中，外设是通过( )器件对 CPU 产生中断请求。这些中断的中断类型码为( )。

31. 8086 最多能处理( )种中断。

32. 8086/8088 的中断响应了两个总线周期，从( )引脚输出两个负脉冲，第一个总线周期完成( )，第二个总线周期完成( )。

33. 8088 中的指令 INT n 用( )指定中断类型。

34. 一片 8255A 端口 A 有( )种工作方式，端口 B 有( )种工作方式。

35. 宏汇编语言程序被汇编时，指令语句产生( )，( )语句不产生代码指令，宏指令语句可能产生也可能不产生代码指令。

36. 调用程序、子程序传送参数的方法通常有( )、( )和堆栈三种方法。

37. 伪指令 EQU、DB、DW、MACRO 的标号名字域必须有名字或标号的伪指令为( )、( )。

38. 虽在本模块无定义，却可以被单独引用的名字或标号，必须用( )伪指令给予说明。

39. PENTIUM 的工作模式有( )、( )、虚拟 8086 模式。

40. 乘法指令 MUL 的指令格式只有( )源操作数，若源操作数的类型属性为字节，则目的操作数在 AX 中，若源操作数的类型属性为字，则目的操作数在 DX:AX 中。

41. 请给出标志寄存器中标志位 OF、IF、SF、ZF、PF、CF 的说明：OF( )、IF( )、SF( )、ZF( )、PF( )、CF( )。

42. ( )是按照先进后出原则组织的一片连续的存储区域。

43. ( )的有效地址是变址寄存器的内容与地址位移量代数和。

44. 指令( )通常用于查表操作，在使用该指令前，应把表首的偏移首地址送入 BX，待转换的代码在表中的序号送AL。

45. 若要求不产生汇编错误，则字符串‘ABC’只能出现在伪指令( )中。

46. 实模式下，对于指令 MOV AX，DS：[BX]

执行前 DS = 1000H，BX = 11H，

则操作数 DS：[BX]的有效地址为( )。

二、单项选择题

1. CPU 包括( )两部分。

A. ALU 和累加器　　B. ALU 和控制器

C. 运算器和控制器　　D. ALU 和主存储器

2. 财务会计方面的计算机应用属于( )。

A. 科学计算　　B. 数据处理

C. 辅助设计　　D. 实时控制

3. 采用十六进制书写二进制数，位数可以减少到原来的( )。

A. 1/2　　B. 1/3

C. 1/4　　D. 1/5

4. 用二-十进制数表示一位十进制数的二进制位是( )。

A. 1 位　　B. 2 位

C. 3 位　　D. 4 位

5. 如果指令中的地址码就是操作数的有效地址，那么这种寻址方式称为( )。

A. 立即寻址　　B. 直接寻址

C. 间接寻址　　D. 寄存器寻址

6. Cache 的主要特点之一是( )。

A. 存储量大　　B. 存取速度快

C. 价格便宜　　D. 价格便宜但容量小

7. 在主机与外围设备进行数据交换时，为解决两者之间的同步与协调、数据格式转换等问题，必须要引入( )。

A. 数据缓冲寄存器　　B. I/O 总线

C. I/O 接口　　D. 串并移位器

8. 在采用 DMA 方式的 I/O 系统中，其基本思想是在以下部件或设备之间建立直接的数据通路，这指的是( )。

A. CPU 与外围设备　　B. 与外围设备

C. 外设与外设　　D. CPU 与主存

9. 集成电路计算机属于第( )代计算机。

A. “一”　　B. “二”

C. “三”　　D. “四”

10. 堆栈是一种( )存储器。

A．顺序　　B．先进后出
C．只读　　D．先进先出

11. 在多级存储体系中，“cache-主存”结构的作用是解决(　)的问题。
A．主存容量不足　　B．主存与辅存速度不匹配
C．辅存与 CPU 速度不匹配　　D．主存与 CPU 速度不匹配

12. 如指令中的地址码就是操作数，那么这种寻址方式称为(　)。
A．立即寻址　　B．直接寻址
C．间接寻址　　D．寄存器寻址

13. 数控机床方面的计算机应用属于(　)。
A．科学计算　　B．辅助设计
C．数据处理　　D．实时控制

14. 某数在计算机中用 8421BCD 码表示为 0011 1001 1000，其真值为(　)。
A．398　　B．398H
C．1630Q　　D．1110011000B

15. 字符的编码，目前在微机中最普遍采用的是(　)。
A．BCD 码　　B．十六进制
C．ASCII 码　　D．格雷码

16. 在存储体系中，辅存的作用是(　)。
A．弥补主存的存取速度不足　　B．缩短主存的读写周期
C．减少 CPU 访问内存的次数　　D．弥补主存容量不足的缺陷

17. 以下叙述正确的是(　)。
A. ASCII 编码可以表示汉字的编码
B. 汉字输入编码都是根据字音进行的编码
C. 汉字输入码可以根据汉字字形编码
D. 汉字字形码都是将汉字分解成若干“点”组成的点阵

18. $[x]_{补}$=11011100B，则 x 的真值为(　)。
A. –36D　　B. 92D
C. –28D　　D. 5CH

19. 计算机软件是指(　)。
A. 操作系统　　B. 汇编程序
C. 用户程序　　D. 所有程序及文档的统称

20. 目前微型机系统上广泛使用的机械式鼠标是一种(　)。
A. 输入设备　　B. 输出设备
C. 输入/输出设备　　D. 显示设备组成之一

21. 二进制数 1001101B 的十进制数表示为(　)。
A. 4DH　　B. 95D

C. 77D　　D. 9AD

22. 十进制小数转换成十六进制数可采用(　)。

A. 除基(10)取余法　　B. 除基(16)取余法

C. 乘基(10)取整法　　D. 乘基(16)取整法

23. 家用电脑是指(　)。

A. 家用电器　　B. 家庭电影院

C. 家庭音响设备　　D. 家用计算机

24. 在8421码表示的二进制数中，代码1001表示(　)。

A. 3　　B. 6

C. 9　　D. 1

25. 目前普遍使用的微型计算机采用的电路是(　)。

A. 电子管　　B. 晶体管

C. 集成电路　　D. 超大规模集电成路

26. 8位定点原码整数10100011B的真值为(　)。

A. +0100011　　B. -0100011

C. +1011101　　D. -1011101

27. 现代计算机通常是将处理程序存放在连续的内存单元中，CPU在执行这个处理程序时，使用一个寄存器来指示程序的执行顺序，这个寄存器为(　)。

A. 指令寄存器　　B. 指令译码器

C. 指令缓冲寄存器　　D. 指令指针寄存器

28. 某计算机字长为16位，其内存容量为1024 KB，按字编址，它的寻址空间为(　)。

A. 512 KB　　B. 512 K

C. 1024 KB　　D. 1024 K

29. 若指令的运算结果不为0且低8位中“1”的个数为偶数，则标志寄存器中ZF和PF的状态为(　)。

A. 0，0　　B. 0，1

C. 1，0　　D. 1，1

30. 指令“MOV AX，[BX+20H]”源操作数的寻址方式为(　)。

A. 寄存器寻址　　B. 寄存器间接寻址

C. 寄存器相对寻址　　D. 以上均不对

31. 根据下面定义的数据段：

```
DSEG    SEGMENT
    DAT1    DB    '1234'
    DAT2    DW    5678H
    DAT3    DD    12345678H
    ADDR    EQU   DAT3-DAT1
```

DSEG　ENDS

执行指令 MOV AX，ADDR 后，AX 寄存器中的内容是(　)。

A. 5678H　　B. 0008H

C. 0006H　　D. 0004H

32. 在 8086 系统的中断向量表中，若从 0000H：005CH 单元开始由低地址到高地址依次存放 10H、20H、30H 和 40H 四个字节，则相应的中断类型码和中断服务程序的入口地址分别为(　)。

A．17H，4030H：2010H　　B．17H，2010H：4030H

C．16H，4030H：2010H　　D．16H，2010H：4030H

33. 在 DMA 控制器 8237 控制下进行“写传送”时，8237 需先后向 I/O 接口和存储器发出的控制信号是(　)。

A．$\overline{IOR}$，$\overline{MEMR}$　　B．$\overline{IOW}$，$\overline{MEMR}$

C．$\overline{IOR}$，$\overline{MEMW}$　　D．$\overline{IOW}$，$\overline{MEMW}$

34. 下面是关于可编程中断控制器 8259A 的叙述，其中错误的是(　)。

A．8259A 具有优先级管理的功能

B．8259A 具有辨认中断源的功能

C．8259A 具有向 CPU 提供中断向量的功能

D．一片 8259A 可管理 8 级中断

35. CPU 和主存之间增设高速缓存(Cache)的主要目的是(　)。

A. 扩大主存容量　　B. 解决 CPU 和主存之间的速度匹配问题

C. 提高存储器的可靠性　　D. 以上均不对

36. 中断向量可提供(　)。

A. 被选中设备的地址　　B. 传送数据的起始地址

C. 主程序的断点地址　　D. 中断服务程序的入口地址

37. 3 片 8259A 级联，最多可管理(　)级中断。

A. 24　　B. 23

C. 22　　D. 21

38. 按照 USB 1.0 规范，一台主机最多可连接(　)个外设装置(含 USB 集线器—USB Hub)。

A. 120　　B. 122

C. 123　　D. 127

三、判断题(你认为正确的，请在题末的括号内打“√”，错的打“×”。)

1. 8086 的 Ready 信号是由外部硬件产生的。(　)

2. 8088 的 M/$\overline{IO}$ 引脚的低电平表明选通的是 I/O 接口。(　)

3. 8086 的数据可以存放在几个不连续的段中。(　)

4. 8086 中，取指令和执行指令可以重叠操作。(　)

5. 8255只有三个普通I/O端口，所以它不可作为一个外部中断源去向8086申请中断。( )

6. 多个外设可以通过一条中断请求线，向CPU发中断请求。( )

7. 8253 的每个计数器只能按二进制计数。( )

8. 8253的计数器是对机器的CLK脉冲计数。( )

9. 8086的可屏蔽外部中断源的中断类型号是用软件设置的。( )

10. 8086的中断入口地址只能放到内存的最低端，即0～3FFH区域。( )

11. $\overline{RQ_0}/\overline{CT_0}$ 及HOLD、HLDA信号是与系统中其他总线主设备有关的信号。( )

12. 8088的$\overline{INTA}$信号可用作中断矢量的读选通信号。( )

13. 8088 的可屏蔽中断的优先权高于非屏蔽中断。( )

14. 8255A中端口A使用的是INTR，$\overline{OBF}$及$\overline{STB}$等线是端口C的线。( )

15. 串行异步接口的双向工作方式是指在串行接口上可同时发送和接收串行数据。( )

16. EPROM虽然是只读存储器，但在编程时可向内部写入数据。( )

17. 中断服务程序可放在用户可用的内存的任何区域。( )

18. 字长越长，计算机处理数据的速度越快。( )

19. 汇编语言是面向机器的语言。( )

20. 任何一个十进制小数都可以用二进制精确表示。( )

21. 计算机的内存与外存都可以直接与CPU交换数据。( )

22. 复位影响片内RAM存放的内容。( )

23. 定时器/计数器溢出中断可以由硬件产生，也可以由软件产生。( )

四、简答题

1．8086的总线接口部件有哪些功能？由哪几部分组成？请逐一说明。8086的执行部件有什么功能？由哪几部分组成？

2．8086 的中断系统分为哪几种类型？其优先顺序如何？

3．什么叫中断向量？它放在哪里？对应于1CH的中断向量存放在哪里？如果1CH的中断处理子程序从5110H：2030H开始，则中断向量应怎样存放？

4．计算机分为哪几类？各有什么特点？

5．简述微处理器、微计算机及微计算机系统三个术语的内涵。

6．80X86微处理器有几代？各代的名称是什么？

7．8086是多少位的微处理器？为什么？

8．EU与BIU各自的功能是什么？如何协同工作？

9．8086/8088与其前一代微处理器8085相比，内部操作有什么改进？

10．8086/8088微处理器内部有哪些寄存器，它们的主要作用是什么？

11．8086对存储器的管理为什么采用分段的办法？

12．在8086中，逻辑地址、偏移地址、物理地址分别指的是什么？具体说明。

13．给定一个存放数据的内存单元的偏移地址是20C0H，(DS)=0C00EH，求出该内存

单元的物理地址。

14．8086/8088 为什么采用地址/数据引线复用技术？

15．8086 与 8088 的主要区别是什么？

16．怎样确定 8086 的最大或最小工作模式？最大、最小模式产生控制信号的方法有何不同？

17．8086 被复位以后，有关寄存器的状态是什么？微处理器从何处开始执行程序？

18．8086 基本总线周期是如何组成的？各状态中完成什么基本操作？

19．结合 8086 最小模式下总线操作时序图，说明 ALE、M/$\overline{IO}$、DT/$\overline{R}$、$\overline{RD}$、READY 信号的功能。

20．8086 中断分哪两类？8086 可处理多少种中断？

21．8086 可屏蔽中断请求输入线是什么？“可屏蔽”的涵义是什么？

22．8086 的中断向量表如何组成？作用是什么？

23．8086 如何响应一个可屏蔽中断请求？简述响应过程。

24．什么是总线请求？8086 在最小工作模式下，有关总线请求的信号引脚是什么？

25．简述在最小工作模式下，8086 如何响应一个总线请求？

26．在基于 8086 的微计算机系统中，存储器是如何组织的？是如何与处理器总线连接的？BHE 信号起什么作用？

27．“80386 是一个 32 位微处理器”，这句话的涵义主要指的是什么？

28．80X86 系列微处理器采取与先前的微处理器兼容的技术路线，有什么好处？有什么不足？

29．80386 内部结构由哪几部分组成？简述各部分的作用。

30．80386 有几种存储器管理模式？都是什么？

31．在不同的存储器管理模式下，80386 的段寄存器的作用是什么？

32．80386 对中断如何分类？

33．80386 在保护方式下中断描述符表与 8086 的中断向量表有什么不同？

34．简述 80386 在保护方式下的中断处理过程。

35．8086 CPU 的字节寻址范围有多大？为什么？存储器为什么分段？20 位物理地址的形成过程是怎样的？

36．使用中断有什么好处？

37．什么是伪指令？

38．简述行列式键盘矩阵的读入方法。

39．简述用反转法实现键的识别的基本方法。

40．LED 数码管显示器共阴极和共阳极的接法的主要区别是什么？

五、按要求编写指令或程序段

1．用两种方法将存储器 1000H 的内容(1EH)扩大到原来的 8 倍。

2．写出用一条指令就可使 AL 寄存器清零的指令；再写出用一条指令就可使 AL 寄存器为全 1 的指令(尽可能多地正确地写)。

3．存储器 1000H 到 10FFH 的连续单元中都放着一字节无符号数，将其中的最大无符号数放到偏移地址为 1000H 的单元中。

4．设计一个分支程序，计算：

$$Y=\begin{cases}1 & X>0\\0 & X=0\\-1 & X<0\end{cases}$$

5．编写程序段，比较两个 5 字节的字符串 OLDS 和 NEWS，如果 OLDS 字符串与 NEWS 不同，则执行 NEW_LESS，否则顺序执行程序。

6．变量 N1 和 N2 均为 2 字节的非压缩 BCD 数码，请写出计算 N1 与 N2 之差的指令序列。

7．试编写一个汇编语言程序，要求对键盘输入的小写字母用大写字母显示出来。

8．把 AX 寄存器清零。

9．把 AL 中的数 x 乘 10。

提示：因为 10 = 8 + 2 = 23 + 21，所以可用移位实现乘 10 操作。

10．按下述要求写出指令序列：

(1) DATAX 和 DATAY 中的两个字数据相加，和存放在 DATAY 和 DATAY+2 中。

(2) DATAX 和 DATAY 中的两个双字数据相加，和存放在 DATAY 开始的字单元中。

(3) DATAX 和 DATAY 两个字数据相乘(用 MUL)。

(4) DATAX 和 DATAY 两个双字数据相乘(用 MUL)。

(5) DATAX 除以 23(用 DIV)。

(6) DATAX 双字除以字 DATAY(用 DIV)。

(7) DATAX 和 DATAY 中的两个字数据相加，和存放在 DATAY 和 DATAY+2 中。

六、软件设计

1．以 BUF1 和 BUF2 开头的 2 个字符串，其长度相等，试编程实现将两个字符串的内容对调。

2．在 ABC 和 BCD 两地址起始各有 5 个字节的无符号数，试编程实现这两个无符号数的加法并将结果分别存放到以 CBA 开始的存储单元中去。

3．把 0～100 之间的 30 个数，存入首地址为 GRAD 的字数组中，GRAD+i 表示学号为 i+1 的学生成绩。另一个数组 RANK 是 30 个学生的名次表，其中 RANK+i 的内容是学号为 i+1 的学生的名次。试编写程序，根据 GRAD 中的学生成绩，将排列的名次填入 RANK 数组中(提示：一个学生的名次等于成绩高于这个学生的人数加 1)。

答　案

一、填空

1．数制转换

(1) 11111101，375，0FD，0001 0010 0101　　(2) 182，266，0B6，0001 1000 0010

2. 0～255，–128～+127

3．00101011.0100，43.25

4．对阶，规格化

5．高阻

6．45H，C5

7．机器数

8．地址

9．相等

10．阶码，尾码

11．字长

12．百万条指令

13．字节

14．字长，字节

15．微处理器，存储器，I/O 接口电路

16．AX 或 AL

17．双向总线

18．地址线的条数，1M

19．ALU，标志寄存器

20．指令译码

21．控制，状态

22．14，16 位

23．4，AX，BX，CX，DX，通用寄存器

24．物理地址，逻辑地址

25．00000H～FFFFFH

26．锁存复用线上的地址

27．确定是否在 T_3 周期后插入 T_W 周期

28．IP，由寻址方式决定的 16 位偏移量，SP

29．先进后出，堆栈指针

30．8259，08H—OFH

31．256

32．INTA，通知I/O接口，CPU已响应外部中断请求，使被响应的I/O接口把自己的中断类型号送到数据总线的低8位D_0～D_7上，通过CPU的地址/数据引脚AD_0～AD_7将信号传输给CPU

33．n

34．3，2

35．代码指令，伪指令

36．寄存器，内存

37．EQU，MACRO

38．EXTRN

39．实模式，保护模式

40．一个

41．溢出，中断，符号，零，奇偶，进位

42．堆栈

43．变址寻址

44．XLAT

45．DB

46．0011H

二、单项选择题

1. C	2. B	3. C	4. D	5. B	6. B	7. C	8. B	9. D	10. B
11. D	12. A	13. B	14. A	15. C	16. D	17. C	18. A	19. D	20. A
21. C	22. B	23. D	24. C	25. D	26. B	27. D	28. D	29. B	30. C
31. C	32. A	33. B	34. B	35. B	36. D	37. C	38. D		

三、判断题

1. √	2. √	3. √	4. √	5. ×	6. √	7. ×	8. ×	9. ×
10. √	11. √	12. √	13. ×	14. √	15. √	16. √	17. √	18. √
19. √	20. ×	21. ×	22. ×	23. √				

四、简答题

1．8086的总线接口部件的功能是负责完成CPU与存储器或I/O设备之间的数据传送。

8086的总线接口部件由4个16位段地址寄存器(DS、DS、SS、ES)，16位指令指针IP，6字节指令队列缓冲器，20位地址加法器和总线控制器等部分组成。

8086的执行部件的功能就是负责执行指令，它由16位的算术逻辑单元(ALU)、16位的标志寄存器F、数据暂存寄存器、通用寄存器组、EU控制电路组成。

2．8086的中断系统分为外部中断(可屏蔽中断和不可屏蔽中断)和内部中断。

其优先顺序是：除单步中断以外，所有的内部中断优先权都比外部中断优先权高，在

外部中断中，不可屏蔽中断比可屏蔽中断优先权高。

3．中断向量是用来提供中断入口地址的一个地址指针；对应于 1CH 的中断向量存放在 1CH × 4 = 70H 开始的 4 个单元，

如果 1CH 的中断处理子程序从 5110H：2030H 开始，则中断向量应如下存放：

0070H：30H

0071H：20H

0072H：10H

0073H：51H

4．传统上分为三类：大型机、小型机、微型机。大型机一般为高性能的并行处理系统，存储容量大，事务处理能力强，可为众多用户提供服务。小型机具有一定的数据处理能力，提供一定用户规模的信息服务，作为部门的信息服务中心。微型机一般指在办公室或家庭的桌面或可移动的计算系统，体积小、价格低，具有工业化标准体系结构，兼容性好。

5．微处理器是微计算机系统的核心硬件部件，对系统的性能起决定性的影响。微计算机包括微处理器、存储器、I/O 接口电路及系统总线。微计算机系统是在微计算机的基础上配上相应的外部设备和各种软件，形成一个完整的、独立的信息处理系统。

6．从体系结构上可分为 3 代： 8080/8085，8 位机；8086/8088/80286，16 位机；80386/80486，32 位机。

7．8086 是 16 位的微处理器，其内部数据通路为 16 位，对外的数据总线也是 16 位。

8．EU 是执行部件，主要的功能是执行指令。BIU 是总线接口部件，与片外存储器及 I/O 接口电路传输数据。EU 经过 BIU 进行片外操作数的访问，BIU 为 EU 提供将要执行的指令。EU 与 BIU 可分别独立工作，当 EU 不需 BIU 提供服务时，BIU 可进行填充指令队列的操作。

9．8085 为 8 位机，在执行指令过程中，取指令与执行指令都是串行的。8086/8088 由于内部有 EU 和 BIU 两个功能部件，可重叠操作，故提高了处理器的性能。

10．执行部件有 8 个 16 位寄存器，AX、BX、CX、DX、SP、BP、DI、SI。AX、BX、CX、DX 一般作为通用数据寄存器。SP 为堆栈指针寄存器，BP、DI、SI 在间接寻址时作为地址寄存器或变址寄存器。总线接口部件设有段寄存器 CS、DS、SS、ES 和指令指针寄存器 IP。段寄存器存放段地址，与偏移地址共同形成存储器的物理地址。IP 的内容为下一条将要执行指令的偏移地址，与 CS 共同形成下一条指令的物理地址。

11．8086 是一个 16 位的结构，采用分段管理办法可形成超过 16 位的存储器物理地址，扩大对存储器的寻址范围(1 MB，20 位地址)。若不用分段方法，16 位地址只能寻址 64 KB 空间。

12．逻辑地址是在程序中对存储器地址的一种表示方法，由段地址和段内偏移地址两部分组成，如 1234H：0088H。偏移地址是指段内某个存储单元相对该段首地址的差值，是一个 16 位的二进制代码。物理地址是 8086 芯片引线送出的 20 位地址码，用来指出一个特定的存储单元。

13．物理地址：320F8H。

14．考虑到芯片成本，8086/8088 采用 40 条引线的封装结构。40 条引线引出 8086/8088 的所有信号是不够用的，采用地址/数据线复用引线方法可以解决这一矛盾，从逻辑角度，地址与数据信号不会同时出现，二者可以分时复用同一组引线。

15．8086 有 16 条数据信号引线，8088 只有 8 条；8086 片内指令预取缓冲器深度为 6 字节，8088 只有 4 字节。

16．引线 MN/$\overline{MX}$ 的逻辑状态决定 8086 的工作模式，MN/$\overline{MX}$ 引线接高电平，8086 被设定为最小模式，MN/$\overline{MX}$ 引线接低电平，8086 被设定为最大模式。

最小模式下的控制信号由相关引线直接提供；最大模式下控制信号由 8288 专用芯片译码后提供，8288 的输入为 8086 的 $\overline{S_2}$ ～ $\overline{S_0}$ 三条状态信号引线提供。

17．标志寄存器、IP、DS、SS、ES 和指令队列置 0，CS 置全 1。处理器从 FFFF0H 存储单元取指令并开始执行。

18．基本总线周期由 4 个时钟(CLK)周期组成，按时间顺序定义为 T_1、T_2、T_3、T_4。在 T_1 期间 8086 发出访问目的地的地址信号和地址锁存选通信号 ALE；T_2 期间发出读写命令信号 $\overline{RD}$ 、 $\overline{WR}$ 及其他相关信号；T_3 期间完成数据的访问；T_4 结束该总线周期。

19．ALE 为外部地址锁存器的选通脉冲，在 T_1 期间输出；M/$\overline{IO}$ 确定总线操作的对象是存储器还是 I/O 接口电路，在 T_1 输出；DT/$\overline{R}$ 为数据总线缓冲器的方向控制信号，在 T_1 输出； $\overline{RD}$ 为读命令信号，在 T_2 输出；READY 信号为存储器或 I/O 接口“准备好”信号，在 T_3 期间给出，否则 8086 要在 T_3 与 T_4 间插入 T_w 等待状态。

20．8086 中断可分为硬件中断和软件中断两类。8086 可处理 256 种类型的中断。

21．可屏蔽中断请求输入线为 INTR；“可屏蔽”是指该中断请求可经软件清除标志寄存器中 IF 位而被禁止。

22．把内存 0 段中 0～3FFH 区域作为中断向量表的专用存储区。该区域存放 256 种中断的处理程序的入口地址，每个入口地址占用 4 个存储单元，分别存放入口的段地址与偏移地址。

23．当 8086 收到 INTR 的高电平信号时，在当前指令执行完且 IF=1 的条件下，8086 在两个总线周期中分别发出 $\overline{INTA}$ 有效信号；在第二个 $\overline{INTA}$ 期间，8086 收到中断源发来的一字节中断类型码；8086 完成保护现场的操作，CS、IP 内容进入堆栈，清除 IF、TF；8086 将类型码乘 4 后得到中断向量表的入口地址，从此地址开始读取 4 字节的中断处理程序的入口地址，8086 从此地址开始执行程序，完成了 INTR 中断请求的响应过程。

24．系统中若存在多个可控制总线的主模块，其中之一若要使用总线进行数据传输，则需向系统请求总线的控制权，这就是一个总线请求的过程。8086 在最小工作模式下有关总线请求的信号引脚是 HOLD 与 HLDA。

25．外部总线主控模块经 HOLD 引线向 8086 发出总线请求信号；8086 在每个时钟周期的上升沿采样 HOLD 引线；若发现 HOLD=1 则在当前总线周期结束时(T_4 结束)发出总线请求的响应信号 HLDA；8086 使地址、数据及控制总线进入高阻状态，让出总线控制权，完成响应过程。

26．8086 为 16 位处理器，可访问 1 MB 的存储器空间；1 MB 的存储器分为两个 512 KB

的存储体，命名为偶字节体和奇字节体；偶字节体的数据线连接 D_7～D_0，“片选”信号接地址线 A_0；奇字节体的数据线连接 D_{15}～D_8，“片选”信号接 BHE 信号；BHE 信号有效时允许访问奇字节体中的高字节存储单元，实现 8086 的低字节访问、高字节访问及字访问。

27．指 80386 的数据总线为 32 位，片内寄存器和主要功能部件均为 32 位，片内数据通路为 32 位。

28．好处是先前开发的软件可以在新处理器组成的系统中运行，保护了软件投资。缺点是处理器的结构发展受到兼容的约束，为了保持兼容性增加了硅资源的开销，增加了结构的复杂性。

29．80386 内部结构由执行部件(EU)、存储器管理部件(MMU)和总线接口部件(BIU)三部分组成。EU 包括指令预取部件、指令译码部件、控制部件、运算部件及保护检测部件，主要功能是执行指令。存储器管理部件包括分段部件、分页部件，实现对存储器的分段分页式的管理，将逻辑地址转换成物理地址。总线接口部件作用是进行片外访问，对存储器及 I/O 接口的访问、预取指令，以及进行总线及中断请求的控制。

30．80386 有三种存储器管理模式，分别是实地址方式、保护方式和虚拟 8086 方式。

31．在实地址方式下，段寄存器与 8086 相同，存放段基地址。在保护方式下，每个段寄存器还有一个对应的 64 位段描述符寄存器，段寄存器作为选择器存放选择符。在虚拟 8086 方式下，段寄存器的作用与 8086 相同。

32．80386 把中断分为外部中断和内部中断两大类，外部中断经 NMI 和 INTR 引线输入请求信号。内部中断也叫内部异常中断，分为陷阱中断、内部故障异常中断、异常终止中断。

33．8086 工作在实地址方式，向量表在存储器的 0 段中最低 1024 字节内存中。80386 在保护方式下要通过中断描述符表中的描述符访问虚拟空间的中断向量，中断描述符表的位置不是固定的，要由 IDTR 寄存器实现在虚拟空间的定位。

34．80386 响应中断后，接收由中断源提供的类型码并将其乘 8，与 IDTR 寄存器中基地址相加，指出中断描述符的位置，读出中断描述符，依其中的段选择符及条件决定从两个描述符表 LDT 或 GDT 中的一个得到段描述符，形成中断服务程序入口所在存储器单元的线性地址。

35．8086 CPU 寻址范围为 1 MB。因为 8086 CPU 地址线为 20 条，2^{20} = 1024 KB，即 1 MB。8086 系统中，指令仅给出 16 位地址，与寻址地址有关的寄存器也只有 16 位长，因此寻址范围只有 64 KB，为了寻址 1 MB，所以分成 4 个逻辑段。当 CPU 访问内存时，寄存器的内容(段基址)自动左移 4 位(二进制)，与段内 16 位地址偏移量相加，形成 20 位的物理地址。

36. (1) 解决快速 CPU 与慢速外设之间的矛盾，使 CPU 可以与外设同时工作，甚至可以与几个外设同时工作。

(2) 计算机实现对控制对象的实时处理。

(3) 计算机可以对故障自行处理。

37．伪指令语句在形式上与指令语句很相似，但它不产生任何目标代码，只为汇编程序在汇编过程中提供必要的控制信息。

38．将行线接输出口，列线接输入口，采用行扫描法，先将某一行输出为低电平，其他行输出为高电平，用输入口来查询列线上的电平，逐次读入列值，如果行线上的值为 0 时，列线上的值也为 0，则表明有键按下。否则，接着读入下一列，直到找到该行有按下的键为止。如该行没有找到有键按下，就按此方法逐行找下去，直到扫描完全部的行和列。

39．将题目中的键改为闭合键。用反转法识别闭合键，需要用可编程的并行接口。行线和列线分别接在 P_A 和 P_B 两个并行口上，首先让行线上的 P_A 口工作在输出方式，列线上的 P_B 口工作在输入方式，通过编程使 P_A 口都输出低电平，然后读取 P_B 口的列线值，如果某一列线上的值为 0，则判定该列有某一键按下。为了确定是哪一行要对 P_A 和 P_B 进行反转，即对 P_A 口重新进行初始化使其工作在输入方式，列线上的 P_B 口工作在输出方式，并将刚读取的列线值从列线所接的 P_B 口输出，再读取行线所接的 P_A 口，取得行线上的输入值，在闭合键所在的行线上的值必定为 0。这样，当一个键被按下时，必定可读得一对唯一的行值和列值。根据这一对行值和列值就可判断是哪一行哪一列的键被按下。

40．LED 数码管显示器共阴极的接法是发光二极管的阴极接地，当数码管的笔画发光二极管的阳极为高电平时，该笔画被点亮。共阳极的接法是发光二极管的阳极接高电平，当数码管的笔画发光二极管的阴极为低电平时，该笔画被点亮。总之，主要区别在于 LED 数码管的接法和驱动笔画的数据电平的不同。

五、按要求编写指令或程序段

1．第一种方法：
```
MOV BX, 1000H
MOV AL, [BX]
MOV CL, 08H
MUL CL
MOV [BX], AL
```
第二种方法：
```
MOV BX, 1000H
MOV AL, [BX]
MOV CL, 03H
ROL AL, CL
MOV [BX], AL
```
2．

用一条指令就可使 AL 寄存器清零的指令	用一条指令就可使 AL 寄存器为全 1 的指令
(1) MOV AX, 0000H	(1) MOV AL, 0FFH
(2) AND AX, 0000H	(2) OR AL, 0FFH
(3) XOR AX, AX	

3.
```
     MOV BX, 1000H
     MOV CL, 0FFH
     MOV AL, [BX]
ABC：INC BX
     CMP AL, [BX]
     JNC BCD
```

```
MOV AL, [BX]
BCD：DEC CL
     JNZ ABC
     MOV BX, 1000H
     MOV [BX], AL
     JMP $
4. MOV   AL , X
   CMP   AL, 0
   JGE   BIG
   MOV   Y, –1
   JMP EXIT
   BIG：JE EQUL
   MOV   Y, 1
   JMP   EXIT
   EQUL：MOV   Y, 0
   JMP $
5. LEA   SI, OLDS
   LEA   DI, NEWS
   MOV   CX, 5
   CLD
   REPZ  CMPSB
   JNZ   NEW_LESS
   6. MOV      AX, 0
   MOV   AL, N1+1
   SUB   AL, N2+1
   AAS
   MOV   DL, AL
   MOV   AL, N1
   SBB   AL, N2
   AAS
   MOV   DH, AL
7. abc:    mov        ah, 1
          int        21h
          sub        al, 20h
          mov        dl, al
          mov        ah, 2
          int        21h
          jmp        abc
sto: ret
```

8. ① MOV　AX, 0
   ② XOR　AX, AX
   ③ AND　AX, 0
   ④ SUB　AX, AX

9.
```
    MOV   CL, 3
    SAL   AL, 1        ; 2x

    MOV   AH, AL
    SAL   AL, 1        ; 4x
    SAL   AL, 1        ; 8x
    ADD   AL, AH       ; 8x+2x = 10x
```

10.(1)
```
    MOV      AX, DATAX
    ADD AX, DATAY
    MOV      BX, DATAX+2
    ADD BX, DATAY+2
    MOV      DATAY, AX
    MOV      DATAY+2, BX
```
DATAX 和 DATAY 中的两个双字数据相加， 和存放在 DATAY 开始的字单元中。

(2)
```
    MOV      AX, DATAX
    ADD      DATAY, AX
    MOV      AX, DATAX+2
    ADC      DATAY+2, AX
```
DATAX 和 DATAY 两个字数据相乘(用 MUL)。

(3)
```
    MOV      AX, DATAX
    MUL      DATAY
    MOV      DATAY, AX
    MOV      DATAY+2, DX
```
DATAX 和 DATAY 两个双字数据相乘(用 MUL)。

(4)
```
    MOV      AX, WORD PTR DATAX
    MOV      BX, WORD PTR DATAY
    MUL BX
    MOV      RESULT, AX
    MOV      RESULT+2, DX
    MOV      AX, WORD PTR DATAX
    MOV      AX, WORD PTR DATAY+2
    MUL BX
    ADD RESULT+2, AX
    ADC RESULT+4, DX
    MOV      AX, WORD PTR DATAX+2
```

```
    MOV     BX, WORD PTR DATAY
    MUL BX
    ADD RESULT+2, AX
    ADC RESULT+4, DX
    MOV     AX, WORD PTR DATAX+2
    MOV     BX, WORD PTR DATAY+2
    MUL BX
    ADD RESULT+4, AX
    ADC RESULT+6, DX
```

(5) DATAX 除以 23(用 DIV)。

(6)

```
    MOV     AX, DATAX
    MOV     BL, 23
    DIV     BL
    MOV     BL, AH
    MOV     AH, 0
    MOV     DATAY, AX           ;存放商
    MOV     AL, BL
    MOV     DATAY+2, AX  ;存放余数
```

DATAX 双字除以字 DATAY(用 DIV)。

(7)

```
    MOV     AX, DATAX
    MOV     DX, DATAX+2
    DIV     DATAY
    MOV     DATAY, AX
    MOV     DATAY+2, DX
```

六、软件设计

1．

```
DDD0 SEGMENT
BUF1    DB  “QWERTYUIOPASDFGHJKLR”
BUF2    DB  “A1234567890ZXCVBNMPJ”
LEN      EQU LENGTH BLOCK1
DDD0     ENDS
ESEG     SEGMENT
BUF3     DB 20 DUP(?)
ESEG     ENDS
CSEG     SEGMENT
ASSUME CS:CSEG, DS:DDD0, ES:ESEG
START: CLD
MOV AX, DDD0
MOV DS, AX
MOV AX, ESEG
```

```
MOV ES, AX
MOV CX, LEN
LEA SI, BUF1
LEA DI, BUF3
REP MOVSB
MOV CX, LEN
LEA SI, BUF2
LEA DI, BUF1
REP MOVSB
MOV CX, LEN
LEA SI, BUF3
LEA DI, BUF2
REP MOVSB
CSEG
ENDS
END START
```

2．
```
DDD0    SEGMENT
ABC     DB 9FH, 26H, 12H, 5AH, 23H
BCD     DH 74H, D3H, 54H, 43H, 7DH
CBA     DB 6 DUP(?)
DDD0    ENDS
CSEG    SEGMENT
ASSUME CS:CSEG, DS:DDD0
START: MOV AX, DDD0
MOV DS, AX
MOV CX, 5
CLC
LEA SI, ABC             ；可做间址寄存器的有 SI，DI，BX，BP 及它们的组合
LEA DI, BCD
LEA BX, CBA
XYZ：  MOV AL, [SI]
ADC AL, [DI]
MOV [BX], AL
INC SI
INC DI
INC BX
LOOP XYZ
MOV AL, 0
ADC AL, 0
```

```
MOV[BX], AL
LEA BX, CBA
MOV [BX], AX
CSEG ENDS
END START
```

3．

```
dseg    segment
grade   dw     30 dup(?)
rank           dw     30 dup(?)
dseg    ends
cseg           segment
main    proc          far
assume cs:cseg, ds:dseg, es:dseg
start:  push ds
        sub           ax, ax
        push ax
        mov           ax, dseg
        mov           ds, ax
        mov           es, ax
begin:  mov           di, 0
        mov           cx, 30
loop1:  push cx
        mov           cx, 30
        mov           si, 0
        mov           ax, grade[di]
        mov           dx, 0
loop2:  cmp           grade[si], ax
        jbe           go_on
        inc           dx
go_on:  add           si, 2
        loop          loop2
        pop           cx
        inc           dx
        mov           rank[di], dx
        sdd           di, 2
        loop          loop1
        ret
main    endp
cseg    ends
        end           start
```